哲语论修

文台 著

图书在版编目（CIP）数据

哲语论修 / 张文台著.—北京: 中央文献出版社，
2009.4
ISBN 978-7-5073-2790-8

Ⅰ.哲… Ⅱ.张… Ⅲ.人生哲学－通俗读物 Ⅳ.B821-49

中国版本图书馆CIP数据核字（2009）第054614号

哲 语 论 修

作　　者/文台
总 策 划/秦清运
责任编辑/李庆田
封面设计/李晓东
出版发行/中央文献出版社
地　　址/北京西四北大街前毛家湾1号
邮　　编/100017
销售热线/010-63097018
印　　刷/深圳市国际彩印有限公司

1/16开本　　　18.125印张　　　300千字
2009年4月第1版　2009年10月第2次印刷
ISBN 978-7-5073-2790-8
定　　价（人民币）：66.00元

修身立言

老有弘为

原军委副主席张万年为本书题词

求知修德
兴义利仁

为《哲语论修》题

原军委副主席迟浩田为本书题词

迟浩田

六六自勉

张文台

天地赏赐万物生，
存亡都在宇宙中。
功名利禄总归去，
进退去留何必争。

二〇〇八年六月卅日作于青岛

迟浩田书于戊子年腊月

李刚同志为本书题词

序　言

　　张文台将军我们虽然没有一起共过事，但因为是山东老乡，有许多老同志都给我提到过他，也从一些文章材料上看到过他的有关情况，了解到他既主编过《三个代表党员读本》、《江泽民国防思想研究》，又著有作为中国现代

原文化部长刘忠德为本书写序

文学馆收藏的《张文台将军诗三百首》和广为流传的《来自实践的领导艺术》；还有他两次获得全国书法大赛大奖的书法艺术作品。本书中重点反映了他认认真真学习，求知识；扎扎实实工作，创政绩；清清白白为将，有威信；老老实实做人，朋友多的特点。他从实践中体会到，任何人都要活到老学到老，只要一息尚存，学习、思索、修养、奉献一刻也不能停止，无论是将军还是士兵，无论是官员还是平民，也无论你是富贵还是贫贱，是正在创业，还是已经安度晚年，人生为什么、现在干什么、身后留什么，都是永恒的课题。他深有感触地说，从军半个多世纪，虽曰不敏，但为党分忧、为国尽力、为民服务之心不敢稍有懈怠。在长期的军旅生涯中，养成了看书学习，思考问题的习惯；调查研究，掌握实情的习惯；聊天沟通，集思广益的习惯；积累资料，总结提高的习惯；加强修养，严于律己的习惯等。偶有所得，即录笔端，集腋成裘，积少成多，形成此书。我认为，它是深入进行八荣八耻教育的重要参考，是做人的良师、处事的益友、为官的助手，成才的参谋。

　　祝发行成功，简言之为序。

乙丑年春月于北京

自 序

  编辑和读者们要我写几句话作为自序，确实没有多少话要说，只是感到任何人都要活到老，学到老，一息尚存，就要学习修炼，进取创新、探索奉献。无论你是战士还是军官，是干部还是公民，是老师还是学生，是职员还是老板；也不管是富有还是贫困，是知识分子还是普通劳动者，是正在艰苦创业还是已安度晚年，都是普遍的、永恒的话题。我从戎五十余年，虽曰不敏，但为党分忧，为国尽忠，为军争光，为民服务之志，从不敢懈怠。逐步养成了看书学习，修身养德；调查研究，集思广益；学人之长，补己之短；聊天沟通，疏通情感的习惯，偶有所得，即录笔端。在领导们的关怀下，在同志们的敦促下，今不揣所提粗陋，选其要点，梳理付梓，形成《哲语论修》一书，愿在人生为什么？一生干什么？身后留什么等人生问题上与大家共勉之。

已丑年春节在北京书斋

目　录

人生观是人如何对待自己一生的基本观点，用实际行动回答人生为什么？一生干什么？身后留什么？为此他才能懂得学习是人生的快乐，修德是人生的阳光，工作是人生的价值，奋斗是人生的意义，奉献是人生的美德，育才是人生的贡献。这样他才能有声有色地工作，有滋有味地生活，有胆有识地讲话，有情有义地交友，真正做一个脱离低级趣味的人，做一个品德高尚的人，做一个有益于人民的人，做一个健康快乐的人。有诗为证："天地赏赐万物生，存亡都在宇宙中。人生奋争总归去，唯有作为世留名。"

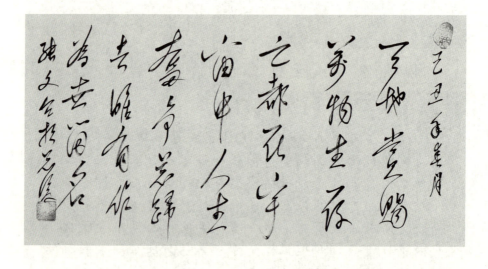

☆ 自然界不承认永恒不变的东西，唯一不变的就是变化。

☆ 谁不用脑子去思考，谁将一事无成；谁背离实际去思考，同样也会碰壁。

☆ 天下任何事情都利害相伴，没有无利的害，也没有无害的利，趋利避害是人生的根本选择。

☆ 命运历来是讲辩证法的，你付出得越多，得到的也就越多；你付出得越少，得到的就越少；你不付出，肯定什么也得不到。

☆ 命运眷顾有志者，虐待软弱者，抛弃无心者。

☆ 人应该是自己命运的主宰者，没有任何力量可以决定他的命运。求人不如求己，胜人不如胜己。

☆ 抱怨命运的人，永远不会改变命运；与命运抗争的人，永远不会听天由命。

☆ 命运是掌握在自己手里的，强者创造命运，智者改变命运，弱者屈服命运，怯者丧失命运。

☆ 命运敬重勇敢的人，而欺负胆小鬼。因为命运可以夺去财富，却夺不去浩然正气。

☆ 善于学习可以认识命运，勤奋工作可以抓住命运，勇于创造可以改变命运。

☆ 要真正成为有作为的人，必须有渊博的知识，丰富的实践，顽强的毅力，科学的方法，高尚的情操，健康的身体。

☆ 人生应有积极进取的态度，但要适度。欲望被人控制时，它是动力；人被欲望控制时，它就是贪婪。

☆ 真理重于感情，知识重于财富，道义重于友谊，朋友重于自己，未来重于现在，祖国重于家庭，使命重于生命。

☆ 人生应做到"五好"：一是学好理，二是修好德，三是干好事，四是做好人，五是健好身。

☆ 经常反省过去，才是不断觉悟的人生；注重干好现在，才是有所作为的人生；着眼未来发展，才是伟大的人生。

☆ 最有出息的人生在于自我激励，永不松劲；自我完善，永不满足；自我批评，永不虚伪；自我警示，永不放纵；自我奉献，永不索取。

☆ 无愧于前人，做好今人，对得起后人，人类才会一代比一代更美好。

☆ 历史的发展总是造就圣人，激励能人，鞭策庸人，淘汰小人。

☆ 健康是最大的幸福，智慧是最大的财富，知足是最大的快乐，信任是最大的奖赏，诚信是最佳的素质，无私是最大的品德，知己是最大的安慰。

☆ 少年要自理，青年要自立，中年要自制，老年要自乐，终身要自慎。

☆ 竭诚为人民服务，人生才有意义；为国家有所作为，死得才有价值。

☆ 人生的快乐不在于你占有什么，而在于你追求什么；不在于你占有多少，而在于你贡献多少。

☆ 人生就是赛跑，天天都在跨越，终生不能停顿，生命才有意义。

☆ 人生的哲学应该是工作，人生的爱好应该是学习，人生的乐趣应该是揭示自然的秘密，人生的幸福应该是为人类服务。

☆ 人生的路靠理想照耀，靠勇气来探索，靠奋斗来铺垫，靠成果来说明。

☆ 人生难在实事求是，重在战胜自己，贵在理想不移。

☆ 人生要不断进取，与时俱进，既不满足现状，又要知己不足，终生学习，奋斗到底。

☆ 顺境不一定是好事，因为容易使人安逸；逆境不一定是坏事，因为往往使人奋进。

☆ 遍行天下路，广知天下事，吃尽天下苦，造福天下人。

☆ 人生就是要不断地净化自己的灵魂，增进自己的知识，提高自己的能力，发掘自己的潜力。

☆ 能为别人着想的人，永远不会寂寞；能为社会贡献的人，永远不会满足。

☆ 知识是生命的风帆，理想是生命的动力，行动是生命的旋律，成果是生命的凯歌。

☆ 一日无为睡不香，一生无为是白活，人生意义何处寻，时时有为不蹉跎。

☆ 人生就怕坐上四艘船：一艘为名；一艘为利；一艘为色，一艘为气。

☆ 人生有五大害虫：一是懒，二是馋，三是贪，四是占，五是变。

☆ 人生的价值不在于活了多大岁数、不在于挣了多少钱、不在于做了多大官，而在于做了多少贡献、留下了多少智慧、干了多少好事。

☆ 只有创造财富，才有权利享受财富；只有创造幸福，才有权利享受幸福；只有创造自由，才有权利享受自由。

☆ 人生的价值和觉悟在于奉献和牺牲，而不在于索取。

☆ 人生真正的意义，并不在于他活了多大岁数，而在于他对生活的理解。

☆ 人生的意义在于不断地探索，生命的价值在于艰苦创业。

☆ 人的一生是一场无休止的战斗，因为向无知斗才能变为有知；向困难斗才能取得胜利；向疾病斗才能换来健康；向私心斗才能变得高尚；向谬误斗才能发现真理。

☆ 人生失去了科学，就是荒漠的一生；失去了哲学，就是糊涂的一生；失去了艺术，就是枯燥的一生；失去了目标，就是盲目的一生；失去了爱情，就是孤独的一生；失去了战斗，就是无用的一生。

☆ 人生是一所学校，要想成为人才，必须拜好师，读好书，说好话，干好事，做好人，留好名。

☆ 人生就是一次旅行，有平坦的大道，也有崎岖的攀登；有美丽的风光，也有无情的风暴；有快乐和幸福，也有烦闷与苦恼；有实现目标的自豪，也有功亏一篑的遗憾。

☆ 人生有五大不幸：一是被名拖累；二是被利拖累；三是被权拖累；四是被情拖累；五是被病拖累。

☆ 人生为他人服务才有意义，为他人造福才有价值。

☆ 想他人所想，急他人所急，忧他人所忧，乐他人所乐，人生才有价值。

☆ 人的价值不在于他活了多长时间，而在于他有无正确的判断能力，科学的创造能力，严格的约束能力，高度的想象能力，严密的思考能力，无私的奉献能力。

☆ 物过盛则衰，事过美则损，人过名则败。古人云：花无尽开，月无尽圆，事无尽美，人无尽好。

☆ 智慧、诚信、友谊和忍让是照亮人们心灵的四盏明灯。

☆ 物质是生活的基础，理想是生活的灵魂，快乐是生活的调料，健康是生活的保证。

☆ 弱者无志，庸者无知，仁者无惑，勇者无畏，智者无私。

☆ 人是好是坏在于德，成功失败在于志，贡献大小在于才。

☆ 人生没有彩排，天天都是现场直播，应谨慎的干好每一天，莫留下终生遗憾。

☆ 自尊并不是独尊，自信并不是固执，自立并不是孤立，自创并不是排他。

☆ 虚度时光的人生毫无价值，为自己活着不如死掉。

☆ 脑子里只装着自己的人总是空虚的，心里装着大众的人才是充实的。

☆ 人生最好的导师是良心，最好的财富是磨难，最好的品质是奉献，最好的友谊是诚信。

☆ 人生如行舟，顺水时不要马虎，逆水时不要胆怯。

☆ 求知要虚心好学，心术要光明磊落，语言要质朴恳切，行为要端庄忠厚，谋划要集思广益，处事要谨慎果断，律己要严格不懈。

☆ 学习是人生的快乐，修德是人生的阳光，工作是人生的价值，奉献是人生的美德，育才是人生的贡献。

☆ 生命长短是无所谓的，重要的是为社会留下了什么财富；职位高低也是无所谓的，重要的是为人民做了些什么好事；能力大小也是无所谓的，重要的是尽自己所能为社会做了什么贡献。

☆ 人生不是享乐，而是艰苦的奋斗；不是轻松，而是沉重的工作；不是为钱，而是为人民服务。

☆ 活着没有目标是可怜的，不为目标奋斗是可悲的。

☆ 人生最重要的几件事：一是用宽容的心对待世界，对待生活；二是用快乐的心创造世界，改变生活；三是用感恩的心去体会世界，享受生活。

☆ 没有什么比为人民服务更幸福的了，也没有什么比只为自己更悲哀的了。

☆ 因为我们的努力使下一代人心中开花，也因为我们的努力使下一代人心中结果，社会才能不断进步，人类才能不断升华。

☆ 人生最艰难的是选择，最勇敢的是战斗，最辉煌的是成功，最悲哀的是懦弱。

☆ 奋斗的人生是短暂的，因为总觉得有许多事情没有干；迷茫的人生是漫长的，因为常在焦虑愁苦中。

☆ 如果因为幸运而不知天高地厚，因为不幸而悲观失望，不可能成为对人类有用的人。

☆ 青年人如果不思进取、不思创新、暮气沉沉，人生的意义就完全丧失了。

☆ 有所作为的人生不会完结，像火炬一样一代接着一代地燃烧，永远照亮人间。

☆ 人生在世别人为我做了很多，我应为别人做得更多。

☆ 知识是无价之宝，友谊是无价之宝，爱情是无价之宝，健康是无价之宝。

☆ 人要经常面对的问题：为谁活着，如何做人，怎样干事，身后留啥。

☆ 知识是学出来的，政绩是干出来的，健康是走出来的，疾病是吃出来的，烦恼是想出来的，是非是说出来的。

☆ 仅仅为别人活着不会幸福，依靠别人活着更是不幸。

☆ 很舒服的生活往往很平凡，轻易得到的东西也往往不宝贵。

☆ 人生是一把火炬，不仅要照亮自己，也要照亮别人。

☆ 人生有两个翅膀：理论的翅膀，实践的翅膀。两个翅膀都过硬才能飞得高，飞得远。

☆ 人生最大的缺点是什么都想获得，生活最大的遗憾是不能十全十美。

☆ 人生最大的快乐是改造自己，最大的成功是改造世界。

☆ 人生有三个头脑：一个是天生的头脑，一个是从书本中得来的头脑，一个是从实践中得来的头脑。

☆ 人生最需要的是学习，用知识武装头脑；人生最愉快的是工作，在实践中创造奇迹；人生最重要的是友谊，在互相帮助中干好事业；人生最快乐的事是爱情，在相互关心中走完人生。

☆ 你如果不想虚度一生，就应该学习一辈子，工作一辈子，战斗一辈子，奉献一辈子。

☆ 人生的旅途上，青年时代是学习、工作，中年时代是开拓、升华，老年时代是回顾、总结，生命才会有意义，个人也会过得充实。

☆ 生命的真正意义不在身外的世界，而在于内心的体验；不在于别人如何评论，而在于自己心灵的安慰。

☆ 人生要有使命感、责任感、急迫感、成就感和自豪感。

☆ 人生的光荣不是永远胜利，而是战胜失败。

☆ 为自己而活着摆脱不了渺小，为别人而活着才能成就伟大。

☆ 真正懂得生命意义的人，可以使有限的生命延长；不懂得生命意义的人，百岁都是空忙。

☆ 要在这个世界上体现自己的价值，就要为这个世界创造价值。

☆ 在生命的长河里，乘坐这几种船最危险：一只是名，一只是利，一只是权。

☆ 要拓展心胸包容一切，不要与一切作对；要善于学习包容一切，不要对新事物漠然。

☆ 世事本来缺陷多，幻想完美无奈何，苦甘酸辣皆有益，人生路上多求索。

☆ 要想改造社会，先要改造自己；要想改造别人，先要升华自己。

☆ 把每一天都当做生命最好的一刻，才算真正了解人生的意义；把每一天的工作都干好，才能够真正体现人生的价值。

☆ 生前枉费心千万，死后空持手一双。

☆ 要追求不要苛求，不追求不能实现人生价值，苛求更不能实现自己的价值。

☆ 人生最大的成就，是从失败中站起来；人生最大的弱点，是在成功时倒下去。

☆ 人生五大宝：健康、知识、爱情、友谊和财富。

☆ 人生四大祸：饮酒过多，好色过乱，爱财过贪，生气过嗔。

☆ 追求错误的东西，往往是痛苦的；追求正确的东西，往往是幸福的。

☆ 征服世界不易，征服自己更难。只有征服自己，才能真正征服世界。

☆ 平凡之人追求非凡，往往是痛苦的；非凡之人甘于平凡，往往是幸福的。

☆ 尽责的人生才有踏实感，贡献的人生才有自豪感，修德的人生才有幸福感。

☆ 莫让自己成为社会的负担，而应该让自己成为社会的财富。

☆ 将生命沉沦于安乐中，得到的就是愁苦与悲哀；将生命投入到奋斗中，得到的将是成功与幸福。

☆ 美丽的花朵是好种子长成的，光辉的人生是好思想导航的。

☆ 要谋天下之利，不谋一人之利；要谋万世之利，不谋一时之利。

☆ 凡人立功，贤人立德，圣人立言，伟人立身。

☆ 立功为国家，立德昭千秋，立言留后人。

☆ 立功靠动力，立德靠人品，立言靠智慧。

☆ 智慧是生命的灵魂，理想是生命的风帆，行动是生命的巨轮，成果是生命的车站。

☆ 一个人不能适应环境，就会被环境所抛弃；不能改造环境，就会被环境所改造。失败的人是向环境屈服的人，胜利的人是适应和改造环境的人。

☆ 人生的真理往往隐藏在平凡的生活中，人生的价值也往往体现在具体工作中。

☆ 用正确的观点看，世界上什么都顺眼；用错误的观点看，世界上什么都刺眼。

☆ 安乐的人虽然活着，也等于死了；奋斗的人虽然死了，但还像活着。

☆ 在人生的道路上要扬长避短，有所为，有所不为；所为的要坚持到底，不能半途而废；所不为的要坚决放弃，不能自找烦恼，这样的人生才能越走路越宽。

☆ 知识是立身之本，诚信是做人之本，创新是成功之本，奋斗是创业之本，助人是快乐之本，勤俭是持家之本。

☆ 多做好事，不计报酬，使生命更有价值，这本身就是一种报酬，也是生命更重要的一种价值。

☆ 一生不要：政治上站错了队，金钱上装错了袋，生活上上错了床，学习上读错了书，交友上认错了人。

☆ 自然创造人，社会锻炼人，学校教育人，家庭激励人。

☆ 生命的真正意义与价值，并不是建立在主观偏见或者好恶之上；而是建立在公正客观评价之上，建立在对社会的贡献之上。

☆ 青年时刻苦读书，求得知识；中年时认真教育，培养人才；老年时勤奋写书，传授经验。

时空观

　　时间既是计算生命的尺度，也是干好事业的保障。对勤奋的人来说时间是加法，可以延长其生命；对懒惰的人来说，时间是减法，可以缩短生命；对于干事的人来说，时间总是不够用的；对于混事的人来说，时间总是漫长的。因此，我们要牢记：过去属于历史，不要后悔；现在属于自己，不要放松；未来属于世界，不要猜谜。真正做到：青年时敢想敢干使人鼓舞；中年时潜心奋斗使人敬佩；老年时经验丰富使人尊敬，一步一步走好自己的一生，努力留下光辉的足迹以昭后人。有诗为证："生命诚可贵，时间价更高。若要成大事，勤奋最重要。"

太平盛世

迎牛年华灯烂

银花神州频

喜眉梢展

白春满论坛

歌篇

题岁辞旧迎

为祝贺牛年春

辛巳春月立志志友

作于芳辰书斋

☆ 对豁达、快乐和无私的人，百岁也是短暂的；对于忧愁、贪婪与自私的人，每天都是难熬的。因为烦恼催人老，快乐春常在。

☆ 任何人无法超越死亡，生是偶然的，死是必然的。生不足喜，死不足悲，但同样的死亡衬出了虚度年华的苍白，暴露了碌碌无为的平庸，显示了奋起的卓越，留下了圣人的足迹。

☆ 光明磊落地死去，死得光荣，重如泰山；卑鄙无耻地活着，活得无趣，轻如鸿毛。

☆ 人生的遗憾：前半生有享受的能力而无享受的机会，后半生有享受的机会而无享受的能力。

☆ 此生已虚度，何必要来生！此生已尽力，来生又何用？

☆ 在战场上只能死一次，在官场上可能死几次，在商场上可能死多次。

☆ 虚度年华，青春就会褪色；放弃奋斗，生命就会虚度。

☆ 青年有志气，中年有勇气，老年有浩气。

☆ 过去属于死神，不要后悔；现在属于自己，不要放松；未来属于人类，不要抛弃。

☆ 享受生命给你的每一缕时光，别奢望你身后的太阳。

☆ 富人最怕死亡，穷人在死亡中解脱。

☆ 智慧的人不会为死亡而痛苦，慈悲的人不会把死亡当作终结，而圣人只把死亡看作是重生。

☆ "生的伟大"就是为别人而活；"死的光荣"就是为别人而死。

☆ 对于看透名利的人，没有什么能使他痛苦；对于正确对待生的人，没有什么能使他畏惧。

☆ 死并不难，难的是如何活得对别人更有意义；死并不痛苦，关键是要看为何而死。

☆ 为了人民利益牺牲的人，他的生命会超越时空。

☆ 悲观的人短命，乐观的人长寿。大德必得其人，必得其位，必得其禄，必得其寿。

☆ 青年要像春花一样绚烂，中年要像夏田一样充实，老年要像秋水一样静美，暮年要像松柏一样安详。

☆ 为了享乐而苟延自己的生命，生不如死；为完成人间的使命而慷慨赴死，虽死犹生。

☆ 死多次的人是懦夫，死一次的人是勇士。

☆ 生不能为人民做一些有意义的事，则生不如死；死不能在人们心中留下点留恋，那就真的死了。

☆ 真正的乐观主义，是年轻时想到衰老而加倍地努力学习和工作，是衰老时想到自己曾经奋斗过而充满快乐和自豪。

☆ 年轻人要想办事成功，就要不求全，但求专；不求大，但求好；不求快，但求稳；不求虚，但求实；不求人，但求己。

☆ 一切损失都可补救，任何痛苦都可以安慰，但是青春的损失不可补救，无所作为的痛苦不可安慰。

☆ 青年人敢想敢干使人鼓舞，中年人潜心奋斗叫人敬佩，老年人经验丰富让人尊重。

☆ 经过失败的痛苦，才能体会胜利的欢乐；经过死亡的考验，才能领悟生命的宝贵。

☆ 忘记岁数才能永远年轻；忘记烦恼才能永远快乐；忘记恩怨才能永远坦荡；忘记疾病才能永远健康；忘记官职才能永远轻松。

☆ 把每个黎明都当成生命的开始，想好要干的事情；把每个黄昏都当成生命的小结，回想是否完成了使命。

☆ 生命失去了理想就失去了存在的意义，妄想是对生命的浪费，实干才是对生命的珍惜。

☆ 不了解生命的人，生命对他是一种惩罚；不珍惜生命的人，生命对他是一种浪费。

☆ 退休后，一保晚节，二保健康，三保学习不落后。

☆ 要在学习奉献中安度晚年，不要在享受安逸中消磨时光。

☆ 安度晚年的诀窍："一个中心" ——以健康为中心；"两个基本点" ——糊涂一点，逍遥一点；"三个忘记" ——忘记年龄，忘记名利，忘记怨恨。

☆ 生是责任的开始，死是任务的解除。

☆ 每个人都拥有生命，但并非每个人都懂得生命的意义，珍惜生命。每个人都拥有工作，但并不是每个人都能尽心尽力去努力工作。

☆ 人活着，唯一的任务就是净化自己，发掘生命的价值；人工作，唯一的目的就是做贡献，发挥生命的潜力。

☆ 做每一件事情都要有实实在在的成果，当你回顾生命时才不会感到内疚。

☆ 为人类文明奋斗的青春是文明的，为人民幸福奋斗的青春是幸福的，为国家富有奋斗的青春是富有的。

☆ 生命是短暂的，但美德会留传后世，业绩会激励后人。

☆ 无论是知识还是品德，都应在年轻时打下坚实的基础。

☆ 珍惜时间的人，就会拥有财富；浪费时间的人，就会丧失财富。

☆ 青春不再来，时间回不来。

☆ 青春短暂，一生关键，白驹过隙，其去如电。

☆ 善于利用时间的人，将有更大的成功；善于把握今天的人，才能驾驭明天。

☆ 时间就是金钱，时间就是效率，时间就是胜利，时间就是生命。

☆ 年华莫虚度，时间不再来；聪明不重要，光阴更宝贵。

☆ 虚度年华的人最容易后悔，时间浪费了黄金也难买回。

☆ 人生就是在与时间赛跑，珍惜时间等于延长了生命。

☆ 总结过去，不忘历史经验；珍惜现在，干好每项工作；规划未来，牢记奋斗目标。

☆ 谁珍惜时间，时间就会珍惜谁的生命；谁延长时间，时间就会延长谁的生命。

☆ 过去属于前人，未来属于后代，现在属于自己。

☆ 少年时盼过年，青年时愿过年，中年时懒过年，老年时怕过年。

☆ 时间创造财富，时间本身也是财富，而且是无价之宝。

☆ 后悔昨天的人多数没有珍惜昨天，忘掉今天的人多数被明天忘掉。

☆ 成功的人并不一定才能超群，而是那些善于利用时间的人。

☆ 珍惜时间最可贵，浪费时间最奢侈。

☆ 少年好学，青年有为；青年好学，壮年有用；老年好学，死而不朽。

☆ 游手好闲，即使聪明过人，也不会有多大作为；浪费时间，就是活过百年，也不会有多大意义。

☆ 昨天不可追回，明天很不确定，今天好好利用。

☆ "三省吾身" 新三问：早晨问一问要干什么？中午问一问干了些什么？晚上问一问干完了什么？

☆ 时间是贷款，再守信的贷款者也还不起；时间是无价之宝，再有钱的人也买不起。

☆ 一天不虚度就可睡得踏实，一年不虚度就可过得舒畅，一生不虚度就可死得安宁。

☆ 珍惜时间的人最聪明，浪费时间的人最愚蠢。

☆ 越懂得时间的重要，越觉得时间的珍贵；越抓紧时间工作，越觉得时间不够用。

☆ 生命诚可贵，时间价更高；若要成大事，勤奋不可少。

☆ 时间给勤奋者会留下丰硕的果实，给懒惰者留下的只有白头。

☆ 上午能做的事情，不要推到下午；今天能做的事情，不要推到明天。今日推明日，明日何其多。

☆ 严格遵守时间是成就事业的灵丹，充分利用时间是完成事业的保障。

☆ 生命的长短是用时间来衡量的，生命的重量是用成就来衡量的，生命的意义是用追求来衡量的，生命的价值是用贡献来衡量的。

☆ 勤奋的人天天都在挤时间，懒惰的人天天都在耗时间；时间对勤奋的人是加法，对懒惰的人是减法。

☆ 一个学习、工作、生活都有成就的人，他的时间大致应当划分为三个三分之一：三分之一用来学习，三分之一用来工作，三分之一用来休息。

☆ 上学时间很短暂，应当努力读书；工作时间很短暂，应当爱岗敬业；人生时间很短暂，应当珍惜生命。

☆ 虚度一天，无所事事，就像罪犯；奋斗一天，疲惫不堪，也像罪犯。

☆ 善于利用时间的人，会拥有更多的财富；让时间白白流失的人，才是真正的穷光蛋。

☆ 今日勤勉的人才能成就明天，抓住现在才能创造未来。

☆ 想实现未来的理想，就要从现在抓起；想干成大事，就要从小事做起。

☆ 浪费自己的时间，就等于慢性自杀；浪费别人的时间，就等于图财害命。

☆ 准点守时，是干好事业的基础；珍惜时间，是干好事业的保障。

☆ 不违时的人才能干成事，不失时的人才能成大事。

☆ 财富都是别人的，只有时间才是自己的。

☆ 花时间思考，这是智慧的根源；花时间工作，这是成功的途径；花时间帮人，这是快乐的源泉；花时间读书，这是知识的基础；花时间健身，这是成功的保障；花时间修养，这是净化灵魂的捷径；花时间娱乐，这是永葆青春的妙方；花时间欢笑，这是消除烦恼的妙药；花时间爱人，这是生命的乐章。

☆ 老年人要做到，退而不休，发挥余热；老而不懈，做好样子；学而不厌，更新知识；为而不求，奉献社会；病而不悲，笑对人生。

☆ 新春加我年，故岁去难还。青春勤努力，老来无遗憾。

☆ 空间无边无际，时间无始无终。从个人到人类，所占据的时间、空间都十分有限，因而我们所知也十分有限。对于无限我们理应敬畏、探索。

　　修身养德，建功立业，社会和谐，福寿安康，圣贤之训，众人所望。因为知识才能启迪人，德性才能感召人，诚信才能凝聚人，聪明才能选用人，心宽才能容纳人，身正才能率领人，建功才能激励人，立言才能教育人。这样大德必得：一是必得其人，有群众支持你；二是必得其位，社会能给你提供施展自己才华的平台；三是必得其禄，你做出了贡献人民会回报你；四是必得其业，能够干成历史上有影响的事迹；五是必得其寿，仁者寿，大德之人必有大寿。

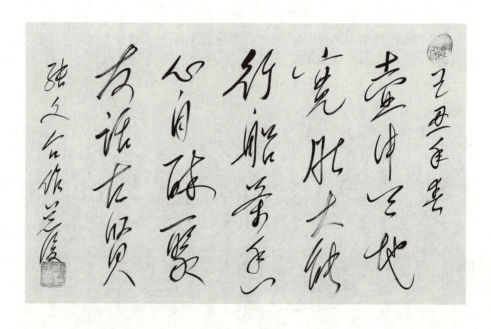

☆ 步步走在路中央，不怕别人说短长；秃子不要说和尚，摘了帽子都一样。

☆ 贪财是万恶之源，说谎是万恶之始，嫉妒是万恶之根。

☆ 责己者，风平浪静，海阔天空永远高尚快乐；责人者，怨天尤人，荆棘丛生，永远痛苦烦恼。

☆ 人性要善，人缘要好，人品要高，人脉要旺。

☆ 对人应当诚心，不猜疑；诚实，不虚伪；诚恳，不做秀。

☆ 世上没有完人，人人都有不足；世上也没有完美，事事都有缺陷。

☆ 诚信是前提，人才是根本，创新是动力，和谐是保障。

☆ 在弱者面前逞强的人，自己就是弱者；在愚者面前显示聪明的人，自己也不聪明。

☆ 知识不足的人，疑惑多；威信不高的人，发怒多；信心不足的人，说话多；能力不足的人，固执多。

☆ 与汗水一起流掉的是傲气，与泪水一起流掉的是娇气，与血水一起流掉的是志气。

☆ 品格为重，德行为先。无德之人什么朋友也没有，什么事情也干不成；无德之官什么威信也没有，多少本领也没用。

☆ 看问题各人有各人的标准，标准也因时而变。所以，看人的眼光要活，眼力要远，眼界要宽。

☆ 平常心做人最快乐，低姿态处世最智慧，起居有序最健康。

☆ 既要像花，给人们带来美好；也要像果，给人们带来甘甜；还要像叶，给人们带来绿荫；更要像根，给人们带来踏实。

☆ 慧而知，恕而亲，忍而成，仁而爱，公而明，德而健。

☆ 别人的过失自己能够宽容就是胸怀，别人不能做的事情自己能够干好就是能力，别人不能忍的事情自己能忍就是德性。

☆ 不遇难，难见患难之心；不临财，难见志士之节。

☆ 有知足心，去好胜心，存快乐心，倡善良心。

☆ 做人有凌云志，处世存平常心，干事有坚韧劲。

☆ 静以修身，俭以养德，学以增智。

☆ 做人要正直，遇坏事要抵制，见难事要帮助，有险情要敢上。

☆ 知识使人敬佩，美丽使人注目，魅力使人难忘，涵养使人高兴。

☆ 安安静静不张扬，本本分分不虚伪，勤勤恳恳不懒惰，清清白白不贪婪。

☆ 果断不是武断，自信不是自大，傲骨不是傲气。

☆ 善良的人不会憎恨，聪明的人不会迷惑，勇敢的人不会胆怯，机灵的人不会失误，快乐的人不会忧愁。

☆ 青年人应该老练一些，中年人应该朴素一些，老年人应该潇洒一些。

☆ 无所用心的人从不怀疑，但多疑能毁掉人的一生。

☆ 世上无不被诽谤之人，听到诽谤之语，不要大惊小怪；世上也无不被赞扬之人，听到赞扬也不要自以为了不起。

☆ 眼看好书，心想好事，嘴说好话，耳听好理，手干好事，脚走好路。

☆ 青年人有缺点容易克服，中年人有缺点难以克服，老年人有缺点简直无法克服。

☆ 反省自己，求自知之明；观察别人，求知人之智。

☆ 为人要有硬骨头，不要耍滑头；做官干事要埋头，不要只想出头。

☆ 做人之道，以诚为本；创业之道，以勤为先；经商之道，以信为基。

☆ 闻赞而不喜，闻谤而不忧，毁誉而不怒，有功而不傲。

☆ 虚心者不自满，谨慎者不自用，谦逊者不自大，知足者不自负。

☆ 自知者天下第一明，知人者天下第一智，知足者天下第一乐，健康者天下第一福。

☆ 忘记自己的缺点就会骄傲自满，忽视自己的优点就会自暴自弃。

☆ 用虚伪掩盖骄傲是最大的骄傲；用世故掩盖无能是最大的无能；用权术获得官位是最大的盗窃。

☆ 坦白过失胸襟宽，改正过失勇气大，掩盖过失欠磊落，坚持过失铸大错。

☆ 常想自己的不足则心平，敢说自己的不是则心诚，改正自己的错误则心正。

☆ 不仅要照顾自己的肉体，更应照顾自己的心灵；不仅要注意物质生活的改善，更应注意精神生活的充实。

☆ 别人的赞扬提高不了自身素质，别人的帮助净化不了自己的灵魂。

☆ 工作能力弱，别人可以帮助；心理素质差，别人无法帮忙。

☆ 身安不如心安，房宽不如心宽。

☆ 智者的忠告能修正自己的方向；无知的议论会动摇干事的决心。

☆ 自利者无利，利己者损人。

☆ 帮助不在多寡，贵乎心诚，重在及时。

☆ 心胸宽，天地装得下；心胸窄，自己容不下。

☆ 人应当既不当面赞扬别人的长处，也不背后说人家的过错。

☆ 过去做错了的不要后悔，只要接受教训就会变成财富；现在正在做的事情，不要松劲，只要完成就是贡献；未来不可望的不要强求，只要心中有目标就是动力。

☆ 发怒既伤害自己，也伤害他人；不但不能解决问题，还会使问题复杂化。

☆ 安分守己，是修养之本；埋头苦干，是创业之根；待人诚信，是交友之道。

☆ 要多学习别人之长，少指责别人之短；要多反省自己之短，少宣扬自己之长。

☆ 每逢大事有静气，心浮气躁烦恼多。

☆ 说自己什么都懂，那是自我吹嘘，说自己一贯正确，那是掩盖错误。

☆ 流水遇到不平的地方，才能把它的活力解放出来，人才遇到困难的时候，才能把他的能力激发出来。

☆ 真的没有人能够束缚你，美的没有人能够丑化你，善的没有人能够否定你，强的没有人能够打败你。

☆ 耐得住寂寞的人才能学到东西，勇于拼博的人才能有所作为，乐于助人的人才能受到尊敬。

☆ 青年人就怕志大才疏，气盛量小，勇多谋少。

☆ 圆滑的人常不圆满，圆满的人不曾圆滑。

☆ 知过者明，自正者智，胜人者力，胜己者强。

☆ 不计较自己的功劳是最高的觉悟，不计较别人的错误是最高的境界，不忘记历史的经验教训是最高的智慧。

☆ 没有平地不显高山，没有残忍不显善良，没有愚笨不显聪明。

☆ 微笑是人间的阳光，忍耐是和睦的纽带，勤奋是立业的诀窍，谨慎是做人的良方。

☆ 越能认识到自己渺小的人，越能学习别人的伟大；越以为自己伟大的人，越把别人看得渺小。

☆ 事后后悔不如事前谨慎。

☆ 他错我不错，我错即有过；他非我不非，我非即我罪。

☆ 以力服人者，只能服一时；以德服人者，才能服一世。

☆ 活在集体之外的人，必然感到孤独烦恼；活在错误之中的人，必然碰壁失败；活在真理之中的人，必然光明快乐。

☆ 智慧不能夹杂傲慢，谦虚不能夹杂虚伪，勇敢不能夹杂蛮干，稳重不能夹杂优柔。

☆ 君子忧道不忧贫，求己不求人。

☆ 今天你骂人，明天人骂你；今天你笑人，明天人笑你；今天你爱人，明天人爱你；今天你帮人，明天人帮你。

☆ 时代在进步，人人都在重新开始；人人在变化，天天都不同于自己。

☆ 转弱为强者智，转败为胜者强，转祸为福者幸，转悲为喜者寿。

☆ 二十岁的人，往往是感情支配行动；三十岁的人，往往是意志支配行动；四十岁的人，往往靠判断支配行动；五十岁的人，往往靠理智支配行动；六十岁的人，往往靠规律支配行动。

☆ 美德不是装饰，而是品质；不是为了讨好别人，而是为了帮助别人。

☆ 气度小、意志弱的人，往往被逆境征服；气度大、意志强的人，往往征服逆境。

☆ 不被他人打倒的人，必机智；不被困难打倒的人，必能干；不被自己打倒的人，必高尚。

☆ 没有理智，就没有忍耐；没有忍耐，就没有和谐；没有和谐，就没有稳定。

☆ 愚蠢的人先了解别人，聪明的人先了解自己。因为知己者明，知人者智。

☆ 爱不过溺，富不忘俭，公不济私，善不居功。

☆ 丢失了东西容易找到，失去了斗志难振作，失去了良心悔终身。

☆ 心志要艰苦，志趣要快乐，气质要宏大，言行要谨慎。

☆ 知识可以教育人，诚恳可以感动人，谦虚可以说服人，身正可以率领人，心宽可以谅解人，立言可以教育人。

☆ 不断进取才能发展自己，知错就改才能完善自己，谦虚谨慎才能保护自己，依靠群众才能弥补自己。

☆ 遇事先想别人，论人先查自己。严于律己，宽以待人

☆ 勇于接受别人批评的人，时时在进步；拒绝别人批评的人，天天犯错误。

☆ 要以柔克刚，以诚克术。

☆ 知错就改，永远值得敬佩；见贤思齐，永远不会落后。

☆ 凡事要想到别人，宁肯亏自己，不肯亏别人；宁肯自己受累，不要别人操心。

☆ 想左右天下的人，首先能左右自己；想改变天下的人，首先要改

变自己。

☆ 知足是最大的财富，忍耐是最大的毅力，谦让是最大的德性，奋斗是最大的能力。

☆ 吃苦在前，享受在后；牺牲在前，退却在后；受穷在前，发财在后。

☆ 诚信对个人是无价的财富，对企业是无形的资产。

☆ 没有诚信何来道德？没有实干何来成功？没有勤俭何来幸福？没有知足何来快乐？

☆ 要求别人诚实，自己首先要诚实；要求别人守信，自己首先要守信。

☆ 善说笑话的人，往往有先见之明。善听笑话的人，往往有先人之乐。

☆ 没有自信心永远是失败主义者，没有知足心永远是悲观主义者，没有同情心永远是利己主义者。

☆ 对学习是用心的，对工作是负责的，对生活是乐观的，对同志是热忱的，对事业是执着的。

☆ 学习有恒心，工作有信心，同志有爱心，处事有公心，待人有诚心。

☆ 经常自夸的人不会被人相信，经常自责的人则会被人信以为真。

☆ 人们不喜欢孤傲自赏的人，也不会喜欢八面讨好的人。

☆ 一个对别人的优点不感兴趣的人，对自己的缺点也不懂得改正。

☆ 有真才者不骄傲，有实学者不炫耀。

☆ 无事时戒一个"懒"字，有事时戒一个"乱"字。

☆ 别人说你好时千万别都信，以防自满；别人说你坏时，千万别都
听，以防自怨。

☆ 欲说服群众，先摆正自己；想教育大众，先自我提高。

☆ 不自爱的人没有能力爱别人；爱别人的人必先自爱。

☆ 享受生活不是简单地活着，而是快乐地工作。

☆ 人可以欺骗别人，但欺骗不了自己的良心；人可以糊弄领导，但
糊弄不了群众。

☆ 人类最大的缺点是认为自己没有缺点，最大的优点就是不断克服
缺点。

☆ 放纵自己的人得不到别人的原谅，自责的人才能得到别人
的谅解。

☆ 弯腰能进财，和气可生金。

☆ 善于守拙的人会变得聪明，善于忍耐的人会取得胜利，善于创造
的人会抓住机遇，善于学习的人会掌握知识，善于团结的人会谅
解别人。

☆ 尊重自己要先尊重别人，鼓励自己要先鼓励别人，要想使别人喜
欢最好先改变对别人的态度，要想别人相信你最好先相信别人。

☆ 人生最大的财富是才干，最大的道德是爱情。

☆ 一个人能做心安理得的事情是最好的报酬，去做伤天害理的事情是最大的惩罚。

☆ 有才华的人不见得有道德，而有道德的人必然有智慧。

☆ 知识是人生的财富，道德是精神的宝藏。

☆ 人生应该道德高尚，处世坦诚，行为端正，知识丰富。

☆ 没有伟大的品格，就不会有伟大的人物，更不会有伟大的事业。

☆ 才能可以在独处时提高，品德只能在社会中培养。

☆ 守道义，行诚信，惜气节，长才干，为民生。

☆ 谦虚是有知识的表现，也是品德高尚的标志。

☆ 自高自大是一种错误，必然毁灭自己；迁就退让也是一种错误，必然毁灭事业。

☆ 有美德的人不自吹，自吹的人无美德；为大众而活往往谦虚，为个人而活往往骄傲。

☆ 恭维是一种香甜的毒剂，即使坚强的人也会陶醉；虚荣是进步的障碍，为了面子就不顾真理；献媚是奴才十足的表现，一次就让你失去了做人的骨气。

☆ 做人要勤奋一些，不要懒惰；要艰苦一些，不要奢侈；要谦虚一些，不要骄傲；要善良一些，不要邪恶；要宽容一些，不要计较；要创新一些，不要守旧。

☆ 发牢骚的人得到的不是别人的同情，而是轻蔑；发脾气的人得到的不是别人的服从，而是反抗；爱挑剔别人的人得到的不是自己的满足，而是不幸。

☆ 治急躁的药难买到，治后悔的药难有效。

☆ 受到批评而发怒者是小人，受到指责而反省者是君子。

☆ 忘掉别人欠自己的是君子，不忘自己欠别人的更是君子。

☆ 为人要做勤奋之人，不要懒惰；要做勇敢之人，不要懦弱；要做善良之人，不要作恶；要做宽容之人，不要小气；要做正直之人，不要逢迎；要做朴实之人，不要虚伪；要做艰苦之人，不要奢侈；要做聪明之人，不要糊涂；要做有才之人，不要平庸；要做高尚之人，不要缺德。

☆ 要靠知识立身，靠真理处世，靠诚实做人，靠创新干事。

☆ 善于反省自己缺点错误的人必然是谦虚的，而眼睛盯着别人缺点和错误的人必然是骄傲的。

☆ 优点越多，越自知不足；赞扬越多，越谦虚谨慎。

☆ 看到自己渺小的人，往往是伟大的；自以为伟大的人，往往是渺小的。

☆ 正直的人决不会胆怯，有德的人决不会变质，勇敢的人决不会怕死，智慧的人决不会迷航。

☆ 理智不要被感情左右，自由不要被欲望窒息。

☆ 要经常审视自我，不断反省自我，不断改造自我。

☆ 加强修养的办法无非有三条：一是认真读书，学习前人的品德；二是敢于实践，学习今人的品德，三是反思自己，升华自己的品德。

☆ 品格是核心，知识是基础，能力是动力，名誉是外貌。

☆ 诚实有知是成品，诚实无知是废品，有知不诚是毒品。

☆ 容人者得人心，容事者事必成。

☆ 勿因坦诚犯错而后悔，勿因虚伪取胜而侥幸。

☆ 清贫不惰的生活，诚实不欺的性格，孜孜不懈的追求，不计名利的奉献，终成大人物，干成大事业，名垂后世。

☆ 虚心学习别人，才能不断进步；虚心接受别人的意见，才能集思广益。

☆ 遇到难处之事要坚强一些；遇到难处之人要宽厚一些；遇到焦急之事要稳重一些。

☆ 允许别人待己不公，不能自己待人不诚；允许别人对己冷漠，不能自己缺少热情；允许别人麻烦自己，不能给别人增添麻烦。

☆ 有德无才可培养，有才缺德无希望。

☆ 生气，是拿别人的错误来惩罚自己；愤怒，是拿自己的错误惩罚别人。

☆ 青年莫萌动，中年莫冒进，老年莫追悔。

☆ 人应当适应世界，而不是让世界适应自己。这样才是明白事理的人，才是有所作为的人。

☆ 不怕年老，就怕心老。

☆ 年岁可以老，志气不能老；身体可以衰退，心气不能衰退。

☆ 青年人容易改变兴趣，中年人容易固守兴趣，老年人容易丧失兴趣。

☆ 用知识武装头脑，比武装嘴巴更重要；在实践中升华自己的灵魂，比在穿着上装扮自己更重要。

☆ 人自爱，才会受到热爱；人自重，才会受到尊重。

☆ 有思想才能有明灯，有知识才能有力量。

☆ 限制自己力量的不是智慧，而是欲望；激发自己力量的不是欲望，而是理想。

☆ 杰出的人处理问题比普通人更艰难，因为普通人的眼睛在盯着他；他的生活比普通人更艰苦，因为比普通人要做出加倍的努力；他的学习比普通人更紧张，因为他稍一放松就没法完成所担负的工作。

☆ 成功者不是不犯错误，而是犯了错误尽快改；不是没有困难，而是善于战胜困难。

☆ 对欲望不能放纵，对过失不能掩盖，对无知不能原谅。

☆ 坦诚的人承认自己的错误，宽宏的人容忍别人的错误。

☆ 要求别人尊重反而不值得尊重，尊重别人才真正值得尊重。

☆ 想到养育之恩自然就会孝敬父母；想到知识来之不易自然就会尊敬老师；想到受穷的艰难自然就会勤俭节约；想到生命的短暂自然就会珍惜时间；想到世态炎凉自然就会奋斗不止；想到法网恢恢自然就不胡作非为；想到责任重大自然会尽职尽责。

☆ 志气要大而不狂，心思要细而不琐，兴趣要多而不俗，节操要严而不拗。

☆ 心志苦才能干成大事，气度宏才能团结群众，言行谨才能少犯错误，意趣乐才能健康长寿，律己严才能德高望重。

☆ 以诚对人，事不成则心诚；以虚对事，事成则心不诚。

☆ 在工作上要求别人帮助，首先要想想自己帮助别人多少；在商场上要赚别人的钱，首先要想想别人能赚多少钱；在战场上要战胜敌人，首先要战胜自己的弱点。

☆ 要想战胜别人首先要战胜自己；要想批评别人首先要反省自己；要想了解别人首先要解剖自己；要想别人的帮助首先要帮助别人。

☆ 闻过则改，闻善则学。

☆ 公生明，是因为不受私欲的蒙蔽；诚生明，是因为不掺杂虚伪的成分；容生明，是因为不受表面现象的迷惑。

☆ 没有缺点的人，优点也不会多；优点突出的人，缺点也明显。

☆ 以勤补拙，以俭防侈，以谦养德。

☆ 老年人沉着，要多一点敏锐；青年人敏锐，要多一点沉着。

☆ 人往往是在改正错误的过程中成熟起来的，也往往是在战胜自我中高尚起来的。

☆ 瞧不起别人的人不会有什么出息，瞧不起自己的人不会有什么作为。

☆ 历史使人成熟，艺术使人高雅，伦理使人望众，道德使人可敬，数学使人严谨，哲学使人深刻。

☆ 自以为比别人高明的人，常常不比别人高明，因为他以己之长比别人之短；自以为不比别人高明的人，往往比别人高明，因为他善于学习别人之长，补自己之短。

☆ 天下无不可教之人，就怕没诚心；天下无不成之事，就怕没恒心。

☆ 无事时戒"懒"字，要善于思考，有备无患；有事时戒"乱"字，要镇静沉着，正确处理。

☆ 与其让人当面赞扬，宁愿背后不被指责；与其得到暂时好感，宁愿长期相处不被厌恶。

☆ 以缓和的态度处理难事，以从容的态度处理急事，以镇定的态度处理大事，以辨证的态度处理坏事。

☆ 没事的时候要小心谨慎，像有事一样警惕；有事的时候要泰然处之，像没事一样镇定。

☆ 身体上驱除疾病，要顺应时令，节制饮食；心灵上预防疾病，要清心寡欲，舒解烦恼。

☆ 说话有度是非少，行动有度过失少，娱乐有度灾祸少，饮食有度疾病少，交友有度烦恼少。

☆ 不义之财不可要，不义之人不可交，不义之话不可说，不义之事不可做。

☆ 话不在多，管用就好；药不在贵，对症就好；友不在多，诚信就好；官不在高，为民就好；钱不在多，够用就好；房不在大，够住就好。

☆ 小人有才无德，不择手段，往往得意一时，干坏事遗害无穷；君子德才兼备，谨守原则，往往遭受挫折，干好事光照千秋。

☆ 治学，应认认真真，方能学到点东西；干事，应扎扎实实，方能做出点成绩；做人，应老老实实，方能立身处世；为官，应清清白白，方能为民尽力。

☆ 要经常磨练自己的脾气，反省自己的过错，防止自己的懒惰，克服自己的傲慢。

☆ 事不能做到尽头，福不能享到尽头，知不能学到尽头，官不能当到尽头。

☆ 难消化的美味不要吃，难守住的宝物不要取，难报答的恩惠不要受，难长处的朋友不要交，难示人的财产不要积，难辩明的诽谤不要辩，难解除的仇恨不要记。

☆ 思想作风要正派，做到三无：心无妄念，口无妄言，行无妄动。

☆ 什么病都能治，就是庸俗病不能治；什么药都能买，就是后悔药不能买；什么人都可交，就是狡猾小人不可交。

☆ 独处谨慎，要做到：内不欺己，外不欺人，上不欺天，下不欺地。

☆ 力所能及要努力去做，力所不及不要强做；得到的要珍惜，得不到的不要苛求。

☆ 富者知足为德，贫者自强为德，贵者随和为德，贱者自尊为德。

☆ 见识从挫折中来，经验从失败中来，毅力从艰难中来，胸怀从误会中来。

☆ 不骄傲自满就能博学多闻，不追求享乐就能保持本色。

☆ 世路艰险是锻炼毅力的好环境，我们借以磨炼意志；世态炎凉是磨炼性情的好时机，我们借以加强修养；世情颠倒是检验胸怀的好凭证，我们借以分清是非。

☆ 耐得住寂寞才能潜心研究学问，耐得住焦躁才能处理复杂问题，耐得住艰苦才能干成事业，耐得住清贫才能廉洁奉公，耐得住惊吓才能应对复杂事件，耐得住诱惑才能正派为官。

☆ 加强修养，反省自己，对的就坚持，错的就改正，不足就加油，不断与时俱进，弃旧图新。

☆ 培养崇高的思想品质，最好的方法是减少自己的欲望。没有过分欲望的人心胸才能宽广，心境才能安闲，心态才能端正，心情才能愉快，心志才能坚毅。

☆ 心静自明，无欲则刚。

☆ 用浮躁的志向来治学，弄不清道理；用敷衍的情绪去办事，干不好事业；用虚伪的手段去待人，交不成朋友。

☆ 容天下万物靠心大，纳天下之贤靠心诚，论天下之事靠心正，观天下之理靠心专，应天下之变靠心静。

☆ 意志如铁，品德如钢，爱心如金，千磨万砺，千锤百炼，才铸成坚定、纯洁、善良的思想境界。

☆ 精神要清净明澈，思想要澄清专一，胆识要沉着敏捷，气魄要坚强宏大，才能要果敢决断，胸襟要豁达宽容，节操要严肃冷峻，理想要远大坚定。

☆ 学习靠脑子，深思熟虑；创业靠心机，灵活机动；成功靠诚信，忠厚老实。

☆ 没有气节的人不可能有勇气，没有知识的人不可能有胆识，没有胸怀的人不可能有人格。

☆ 只有吓死的懦夫，没有怕死的志士。

☆ 大事难事看才能；逆境顺境看胸怀；临喜临怒看涵养；群议群行看见识。

☆ 不争权谋私，不夺利坑人，不为名欺世。

☆ 用稳重纠正轻浮的毛病，用扎实纠正浮夸的毛病，用宽容纠正狭隘的毛病，用谦虚纠正傲慢的毛病，用朴素纠正奢侈的毛病，用谨慎纠正狂妄的毛病，用廉洁纠正贪婪的毛病，用仁爱纠正冷漠的毛病，用公正纠正自私的毛病，用勤奋纠正懒惰的毛病，用沉着纠正急躁的毛病，用淳厚纠正刻薄的毛病。

☆ 聪明智慧的人，不可锋芒毕露；功高盖世的人，不可居功自傲；勇猛无敌的人，不可无所顾忌；拥有巨大财富的人，不可张狂放肆。

☆ 勤俭持家，读书创业，诚信做人，忠心交友。

☆ 沾沾自喜时，要谦虚一点；怒不可遏时，要忍耐一点；思想放荡时，要约束一点；厌倦懒惰时，要勤勉一点；生活富裕时，要节俭一点。

☆ 治学要严肃认真，做人要诚实可信，办事要果断有效，对人要和蔼可亲，得意要谦虚谨慎，失意要心情安宁，扬名要自律慎独。

☆ 以静制动，以沉制浮，以宽制狭，以柔制刚，以缓制急。

☆ 学习要耐得住寂寞，不能浮躁；处事要耐得住性子，不能急躁；工作要耐得住困难，不能逃避；交友要耐得住吃亏，不能滑头。

☆ 成大器的人，胸怀必然开阔；有知识的人，对人必然谦虚。

☆ 怒是猛虎，先伤自己，后伤别人；欲是深渊，先葬事业，后葬自己。

☆ 读好书，做好人，干好事，积好德，立好言。

☆ 积善不为图报应，读书不为扬名声，干事不为求功名。

☆ 人人知足则天下有余，人人安分则天下无事。

☆ 世间成大事者，要容人所不能容，忍人所不能忍，干人所不能干。

☆ 不尊圣贤怎么能读懂书？不敬老师怎么能考好学？不懂道理怎么能长成人？不勤劳作怎么能种好田？不抵制歪风怎么能做好人？

☆ 一个人的知识、才华、品德和气质比外表更重要。

☆ 净其心境，断其烦恼，干其事业，成其人才。

☆ 志气要大，骨气要硬，才气要好。

☆ 有志气才有才气，有才气才有骨气，有骨气才有福气。

☆ 身体的营养是粗茶淡饭，精神的良药是朋友的忠言。

☆ 一个人如果遭到大家的嫌弃，多半是他自己不好；一个人如果遭到无能者的嫉妒，多半是他自己太能。

☆ 一个人应当：聪明而不狡猾，严肃而不孤僻，稳重而不呆板，沉着而不寡言，和气而不盲从，憨厚而不愚笨，活泼而不放纵，天真而不幼稚，勇敢而不鲁莽，热情而不轻狂，倔强而不固执，乐观而不冲动。

☆ 要想别人喜欢你，先要改变对别人的态度，其次要端正自己的形象。

☆ 一个爱好读书、善于思考、长于总结的人，虽然不一定拥有一切，但他必定不会缺少一个忠实的朋友、一个良好的老师、一个可爱的伴侣、一个温情的安慰者。

☆ 一个人对别人的态度，就是映照他个人肖像的镜子，一个人对学习的态度，就是检查他自己觉悟的尺度。

☆ 掩盖自己的一个缺点，结果会暴露另一个缺点；吹嘘自己的一个长处，结果会埋没另一个长处。

☆ 好音乐能激励男人的斗志，能激发女人的温情，能使年轻人奋发向上，能使老年人焕发青春。

☆ 道德高尚的人才能过得快乐，本事过硬的人才能过得富裕，善于克制的人才能过得健康。

☆ 有礼貌不一定智慧，不礼貌一定无知。

☆ 树直影子正，人直威信高。

☆ 因为挫折把自己看得太低就是自卑，因为成功把自己看得过高就是骄傲。

☆ 对别人优点的否定是一种嫉妒，对自己缺点的宽容是一种放纵。

☆ 永不发火的人是奴才，慎重发火的人是圣人。

☆ 自古人生谁无错，知错能改即圣贤。

☆ 胜人者必须胜已，知人者必须自知，爱人者必须自爱。

☆ 赢得信任要靠智慧，保持信任要靠美德，坚定信心要靠意志。

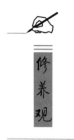

☆ 平平淡淡做人心情好，朴朴实实做事风险小，清清廉廉为官威信高。

☆ 生气不如争气，嫉人不如学人，保命不如拼命。

☆ 行动最少的人，责人最多；行动最多的人，自责最多。

☆ 人的天性总是爱听心怀叵测的顺耳好话，而不愿听心怀好意的逆耳良言，这是人类的悲哀所在。

☆ 先进的思想必然产生高尚的行为，高尚的行为又会创造先进的思想。

☆ 没有思想，人将不成其业；思想膨胀，人将易陷疯狂。

☆ 世界上没有一个人能不经过艰苦的修养高尚起来；也没有一种真正有价值的东西能不经过辛苦劳动创造出来。

☆ 自我批评是觉悟，群众批评是信任，上级批评是关怀，同志批评是帮助。

☆ 不愿改正小错误必然要犯大错误；不愿接受批评必然不可救药。

☆ 人犯错误的原因无非有两个：一个是他什么都不懂，一个是他自以为什么都懂，后者比前者更要命。

☆ 判断人的品格无非看三个方面：一是看他爱读什么书籍，二是看他爱干什么事情，三是看他爱交什么朋友。

☆ 爱别人就是爱自己，帮别人就是帮自己。因为我爱人人，人人才能爱我。

☆ 认识自我者明，战胜自我者强。

☆ 小事不会含糊，大事才能不马虎。

☆ 要懂得责任的苦处，才能知道责任的乐趣。

☆ 任难任之事，要尽力而无怨；处难处之人，要多智而寡言。

☆ 人胜于我，要学习，不要嫉妒；我胜于人，要谦虚，不要傲慢。

☆ 勤俭节约，生活无贫；注意锻炼，身体无病；同心同德，国家不乱。

☆ 成为我们真正荣誉的是自己的良心，而不是别人的评议；成为自己真正财富的是自己的知识，而不是金钱的多少。

☆ 要想别人学习你，自己必须有知识；要想别人敬佩你，自己必须有德行；要想别人服从你，自己必须有本事；要想别人维护你，自己必须有真理。

☆ 快乐用加法，年龄用减法，对朋友用乘法，对敌人用除法。

☆ 要有学者的知识，要有军人的勇敢，要有工人的勤劳，要有农民的朴实，要有儒商的诚信。

☆ 自己能够做到的事情，决不能推诿；自己力所不及的事情，决不能许诺。

☆ 错误并不可怕，可怕的是重复同样的错误。

☆ 不贪人之功，不嫉人之能，不扬人之过，不谤人之非。

☆ 傲慢变谦虚，人喜不孤立；亲人如亲己，对立变朋友。

☆ 逆境使心智成熟，劳动使身体健康。

☆ 逆境正确对待会变成好事，顺境不能正确对待会变成坏事。

☆ 妒忌显然是女人多一些，但并不是女人的专利；男人一旦嫉妒起来往往超过女人千百倍。

☆ 嫉贤妒能，不可能给自己增加任何好处，也不可能减少别人的成就，只能证明自己的无知。

☆ 嫉妒是心灵的兵刃，既会伤害自己，又会伤害别人。

☆ 虚心是做人的品质，虚荣是心灵的毒瘤。

☆ 别浪费时间去想你不喜欢的人，也不要忘记你所喜欢的人。

☆ 明智的人不会受错误议论的影响，而善于用正确的思想去影响别人。

☆ 若是内心不安，幸福就无从谈起；若不放弃私欲，心安就无从谈起。

☆ 爱好自由是人的天性，过分自由会破坏人性。

☆ 有用之人往往难有所用，无用之人往往无所不用。

☆ 有志气的人要做习惯的主人，没有志气的人往往是习惯的奴隶。

☆ 不怕千日谨慎，就怕一日大意。

☆ 与其事后后悔，不如事前谨慎；与其改错，不如无错。

☆ 知足常乐心无疾，知止即止身无耻。

☆ 多看则不偏，多听则不昏，多思则不惑，多干则不难。

☆ 世间只有圆滑，没有圆满。

☆ 痛苦地回忆而不知道悔改是愚蠢的，痛定思痛知错就改才是聪明的。

☆ 心不正，其道不平，必然跌跤；心清净，其道平坦，必然顺通。

☆ 贪心导致苦恼，公心使人快乐。

☆ 不是天气太热，而是心火太旺；不是境遇不顺，而是心境不好。

☆ 心胸狭窄的人，芝麻大的小事也使他烦恼；胸怀开阔的人，天大的事也不会使他分心。

☆ 智润业，德润身，才润事。

☆ 不要后悔过去，因为教训也是财富；不要苛求未来，因为现在才是希望。

☆ 发脾气对自己是损失，对别人是痛苦。

☆ 人情变化无常，世路崎岖不平，用平常心对待不平常的事，才能应对一切，心情愉快。

☆ 私欲正浓，能斩断，则有惊无险；怒气正盛，能按捺，则息事宁人。

☆ 遇事要宽恕一点，不要吹毛求疵；对人要仁慈一点，不要横眉冷对；对己要严格一点，不要放荡不羁。

☆ 见人得利莫得红眼病，起嫉妒心；遇人有难莫得瞎眼病，漠不关心。

☆ 常赞美别人的长处，不要把自己看高了；背后不说别人的短处，不把别人看低了。

☆ 海之所以广大，是它处在江河的最低处；人之所以聪明，是他集中了大众的智慧。

☆ 后利己之心，先助人之德。

☆ 心无私欲，方寸之间亦海阔天空；心怀私欲，天地之阔亦乌云重重。

☆ 贪心能使人无恶不作，爱心能使人多做奉献。

☆ 人怀恶意，必害自身。

☆ 凡事要心怀感恩，而不自居其功；心存善念，而不幸灾乐祸；心存法度，而不贪恋物欲。

☆ 内心的烦恼必须自己去解决，别人无法代替；自身的弱点必须自己去改正，别人帮不上忙。

☆ 把复杂的事物看得太简单，可能是智慧的表现；但是把简单的事物看得太复杂，却是没有信心的表现。

☆ 世上的事往往成于忍耐，败于骄躁。

☆ 斩断欲望心地宽，制止怒气修养好。

☆ 不要因一时的快乐造成长久的痛苦；不要因一时的困难造成永远的障碍。

☆ 常想想自己有什么缺点，自己就会心平；常说说自己有什么不是，别人就会气平。

☆ 责己者，可以成人之善；责人者，可能长己之恶。

☆ 青年时冲动多，中年时犹豫多，老年时悔恨多。

☆ 气不可盛，盛则伤身；心不可满，满则伤志；才不可露，露则伤神。

☆ 一身正气，诽谤再多也于己无损；自身不正，赞美再多也是无益。

☆ 欲望永远得不到满足，越想满足越痛苦；只有知足的人才能得到满足，越想越快乐。

☆ 盘石不为风雨所动，好人不为毁誉所动。

☆ 从苦难中成长起来的孩子，更能体谅生活的难处，从失败中爬起来的人，更懂得教训的可贵。

☆ 懂得与他人和谐相处的人，生活处处充满乐趣；不懂得与他人和谐相处的人，生活时时都是痛苦。

☆ 与人相处之道在于诚实，与人决裂之由在于狡猾。

☆ 你懂得关心别人，别人也会给你同样的关心；你对别人漠不关心，别人对你也不感兴趣。

☆ 自己诚实，世界上无人能骗你；自己不诚实，上当受骗是常事。

☆ 为掩盖自己的缺点去诽谤别人，永远是可耻的；学习别人的长处，永远是可敬的。

☆ 有知足心，勿为小利烦恼；去好胜心，何等安闲自在。

☆ 不自重者取辱，不自畏者招祸，不自满者受益，不自足者博学。

☆ 迷而不知其迷，才是真迷；错而不知其错，才是真错。

☆ 世界上最可悲的事，是背叛自己的良心；世界上最可怕的事，是坚持自己的错误。

☆ 毅力与爱心，能够征服一切；学习与创造，能够改造一切；自大与自用，能够丧失一切；为己先为人，能够获得一切。

☆ 虚心接受别人的批评，才会克服自己的缺点；虚心学习别人的长处，才会弥补自己的不足。

☆ 德才兼备是正品，有德无才是次品，有才无德是毒品，无才无德是废品。

☆ 说的让人信服，能讲出道理来；做的让人信服，能做出样子来。

☆ 数载坎坷志未销，登山切莫问山高。野无人踪非无路，村有溪流必有桥。

☆ 不俗乃仙骨，多情亦佛心。

☆ 不了解过去，就不能把握现在，不把握现在，就难以获得未来。

☆ 大事难事看担当；逆境顺境看胸襟；是喜是怒看涵养；有舍有得

看智慧；是成是败看坚持。

☆ 太阳光大，父母恩大，君子心大，小人气大。

☆ 敢于反省自己的人，高明；能够征服自己的人，伟大。

☆ 别人错了你生气，等于用别人的错误惩罚自己；别人对了你生气，等于用自己的错误惩罚自己。

☆ 放开胆量看事，看得透一些；立正脚跟做人，做得正一些。

☆ 知识是学出来的，政绩是干出来的，烦恼是找出来的，疾病是吃出来的，健康是走出来的，是非是说出来的。

☆ 善良的人不会有敌人，智慧的人不会有烦恼，勇敢的人不会有困难。

☆ 能够付出爱心，就是幸福；能够消除烦恼，就是智慧；能够战胜敌人，就是谋略；能够认识自己，就是聪明。

☆ 智者无惑，仁者无忧，勇者无敌，明者无惧，忠者无奸。

☆ 一把伞能挡住自然的风雨，一双手能支起生命的天空。

☆ 知人者智，知己者明，胜人者力，胜己者强。

☆ 原谅别人，就是善待自己；尊敬别人，就是尊重自己；计较别人，就是贬低自己。

☆ 不耗费时间批评别人，要多花时间反省自己，别人才会更加尊重你，自己才会不断进步。

☆ 人生最大的危险是傲慢对人，人生最大的失误是盲目决策。

☆ 人因为谦虚而成长，因为自满而堕落，因为贪欲而遗恨，因为报复而丧命。

☆ 傲不可长，欲不可纵，志不可消，乐不可极。

☆ 聪明而不狡猾，宽厚而不愚蠢，大方而不奢侈，俭朴而不吝啬。

☆ 看到别人的缺点很容易，看到自己的缺点却很难。

☆ 诚恳可以感动人，谦虚可以说服人，无私可以带动人，克己可以领导人。

☆ 以理服人，以情动人，以法管人，以身率人。

☆ 让一步成全别人，是胜利的起点；争一分成全自己，是失败的开始。

☆ 犯错误是平凡的，原谅才是超凡的。

☆ 聪明的人不是不犯错误，而是犯了错误能够认错，敢于总结经验教训，不再犯同样的错误。

☆ 掩饰错误是失败的开始，改正错误是进步的起点。

☆ 要批评别人的时候，先反思一下自己有什么问题；要说别人是非的时候，先想一想自己是否完美。

☆ 不要把今天的无知变成明天的烦恼；也不要把今天的成绩变成明天的包袱。

☆ 到吵闹的地方，需要冷静；到冷静的地方，需要热情。

☆ 古今庸人败于"惰"字，古今才人败于"傲"字，古今恶人败于

"私"字。

☆ 吹毛求疵必定烦恼，宽容大度必定快乐。

☆ 有志不在年高，无智空活百年。

☆ 认识自己就是觉悟。

☆ 有才不露属大才，智而不傲是大智。

☆ 我爱我师，我更爱真理；我爱书本，我更爱实践；我爱传统，我更爱创新。

☆ 是非天天有，不听自然无；困难处处在，攀登能过关。

☆ 真正的神通，是把烦恼疏通；真正的高明，是把教训记牢。

☆ 犯了错误别人知道不知道并不重要，最重要的是你自己知道；做出了贡献，记功不记功也不重要，重要的是你在自己人生的历史上写下了重要一笔。

☆ 无端生气是无知的表现，因为解决不了任何问题；专门气人比无知还愚蠢，因为丧失了基本的人格。

☆ 现在社会上追求快乐的人不少，但真正懂得快乐的人不多；能挣钱的人不少，但能把钱用好的人不多；喜欢读书的人不少，但能好好运用的人不多；广交朋友的人不少，但真正的益友不多。

☆ 老实是很平淡的字眼，但要想成就大事，就非它不行；为民是很普通的口号，但要想当好官，就非它莫属。

☆ 心志要苦一些，意趣要乐一些，气度要大一些，言行要慎一些，对人要宽一些，对己要严一些。

☆ 随缘能得自在，放下即得解脱。

☆ 不恃己之长，化妒为善；不扬人之恶，化敌为友。

☆ 苦口多是良药，逆耳必是忠言；改过能生威信，饰非内心不安。

☆ 把"为别人"当成一种快乐，哪里都受欢迎；把"为个人"作为一种追求，处处都会碰壁。

☆ 小过如刺在肉，剔拔惟恐不速；大过如蛇缠身，斩除方能自新。

☆ 人之大悟在于能洞悉自身的弱点；人之大智在于能战胜自身的错误。

☆ 人之所以平凡，在于无法超越自己；人之所以伟大，在于心中无私。

哲语论修 | **审美观**

　　爱美之心，人皆有之。但是美不仅社会标准不同，而且因人而异，还因时而变。往往今天你认为是美丽的，明天都是丑陋的；今天是你所热爱的，明天都是憎恨的；今天是你所追求的，明天都是所逃避的；今天是你所崇拜的，明天都是所鄙视的。但是随着感情而变化的审美观，往往改变不了。少女之心，美在无瑕；赤子之心，美在无邪；勇士之心，美在无惧；志士之心，美在无私。历史反复证明：外貌美是暂时的，常变的；心灵美是永恒的，不变的。

书法作品

录书荆同志

拟文会于探圳

花路交友

生活人群有

有选有味妙

有诚的谢语

别二依有格

有静有色

三思年兼月

☆ 拥有一颗无私的爱心，才能够拥有一切；拥有一颗坚强的恒心，就能够战胜一切。

☆ 认认真真学习，老老实实做人，清清白白做官，扎扎实实工作。

☆ 人贵自立，自立先要自强，不依赖，不求人，无论亲疏与贫富，靠人不如靠己。

☆ 热情而不冲动，倔强而不固执，乐观而不盲目。

☆ 热情总是要战胜昏朽，未来总是要取代往昔。

☆ 人的生活是丰富多彩的，物质生活要简单，感情生活要节制，精神生活要丰富。

☆ 情感主要是对幸福的追求，对痛苦的忧虑，对爱情的向往，对死亡的恐惧，对弱者的怜悯，对欺压者的仇恨。激情如烈火，没有人能经得起烈火的炙烤。

☆ 热情似火，可以战胜一切，取得伟大的成功；也可以毁灭一切，遭到悲惨的失败。

☆ 没有科学的引导，热情使聪明人变成疯子。

☆ 没有理智的感情是可怕的，它可以把人毁掉；没有感情的理智是孤独的，它可以使人干枯。

☆ 人类的感情是复杂的，常常出现这样的情景：今天所爱的，往往是明天所恨的；今天所追求的，往往是明天所逃避的；今天所崇拜的，往往是明天所鄙视的。

☆ 感情往往违背科学，所以不能完全跟着感觉走。

☆ 冷漠无情的人，心灵已经死了；感情激烈的人，理智已经失控了。

☆ 有了理智，激情可以成就人的事业；没有理智，激情可以毁灭一切。

☆ 因美丽而可爱是暂时的，因可爱而美丽才是永久的。

☆ 美丽的外表代替不了美丽的心灵，丑陋的外表并不等于他的心灵不美。

☆ 容貌之美稍纵即逝，灵魂之美历久弥新。

☆ 少女之心，美在无瑕；赤子之心，美在无邪；勇士之心，美在无惧；志士之心，美在无私。

☆ 美貌是暂时的，美德才是长久的。

☆ 美丽的外表比黄金更容易招引盗贼。

☆ 欣赏美只能意会不能言传，因人而异不会千篇一律。

☆ 道德高尚，他就会光彩夺目；品德恶劣，他就会举止猥琐。

☆ 外表的美像夏天的瓜果，容易腐烂；内在的美才像钻石，永远闪光。

☆ 人生一切都应该是美丽的，长得美要感谢爹娘，灵魂美要加强修养，服装美要穿着适当，语言美要说话恰当，行为美要心地善良。

☆ 修饰适当就会锦上添花，浓妆艳抹容易弄巧成拙。

☆ 高尚的品德像永久磁铁，外貌的俊美如昙花一现。

☆ 丑陋的人总希望别人说他美丽，跛腿的人总希望别人说他矫健，秃发的人总希望别人说他头发好，无知的人总希望别人说他博学，盗贼也希望别人说他品德高尚。

☆ 美应该是真实的，而不是伪装的；是自然的，而不是造作的；是长久的，而不是暂时的；是本质的，而不是表面的。

☆ 空谷幽兰美在本色，人欲横流万物蒙尘。

☆ 自然赐予人外貌，教育赋予人智慧。

☆ 一个女人外貌再美，如果没有知识和品德，也难以打动人。

☆ 化妆掩盖缺陷，首饰暴露虚荣。

☆ 真使人美，善使人美，情使人美，爱使人美。

☆ 外表的美只能刺激人的欲望，品德的美才能感动一个人的心灵。

☆ 世界不是缺少美，而是缺少发现；美需要发现，也需要创造。

☆ 只有眼光敏锐才能发现美，感情丰富才能享受美。

☆ 美是道德的外在表现，道德是美的内在要求。

☆ 追求美使人自由，欣赏美令人放松，创造美使人完善。

☆ 美的外表与美的灵魂结合在一起才是完整的美。

☆ 美的外表往往是通行证。

☆ 美的心灵是无价的财富。

☆ 对美的追求不但会带来快乐，还会带来健康和活力。

☆ 一个人应该既有天赋的美，又有修养的美；既有外表的美，又有
　内在的美。

☆ 能给人带来欢乐和幸福才是真正的美。

☆ 温柔是女性美的表现，善良是女性美的本质，贤惠是女性美的灵
　魂，细腻是女性美的特性，智慧是女性美的升华。

☆ 女人的魅力是温柔，男人的魅力是智慧。

☆ 内心深处的美和知识修养的美更能打动人。

☆ 真正的美是朴实的。

☆ 外在的美可以展示一个人的气质，心灵的美可以展示一个人的品
　德，行为的美可以展示一个人的才华。

☆ 爱美是人类的天性，但并非每个人都懂得美的真谛。

☆ 有的人走到哪里就把美丽带到哪里，把欢乐带到哪里，把团结带
　到哪里，哪里也忘不了他；有的人走到哪里就把丑陋带到哪里，
　就把痛苦带到哪里，就把流言蜚语带到哪里，哪里都会害怕他。

☆ 美丽的外貌不可强求，美丽的心灵靠自我塑造。

☆ 外貌让你迷人一时，灵魂让你美丽一世。

☆ 花儿开放时人们往往忽视它的美丽，而枯萎后人们又往往怀念它
　的美丽。

☆ 人人都追求美丽、快乐和爱情，但都必须以健康为基础，以知识为保障，以品德为灵魂。

☆ 美可以使人产生快感，但产生快感的不一定都是美。

☆ 健美健美，健康才美，失去健康也就失去了美。

☆ 人的完美应该包括健壮的身体，漂亮的脸蛋，匀称的体形，丰富的知识，优良的品德，温和的性格，出色的能力，超人的业绩。

☆ 要美化人生，先美化社会，要美化社会，先美化自己。

☆ 如果你想得到艺术的享受，那就要加强艺术修养；如果你想创造艺术，那就要有艺术的实践。

☆ 朴素的美丽，会给人带来赞叹；造作的美丽，会给自己招来耻辱。

☆ 美好的事物，抱着一颗平常心，才能体会它的价值；恶劣的事情，需要一双明亮的眼睛，才能看出它的本质。

☆ 人生有两种灵性，即人的感情与理智。理智胜过感情的可能成为圣人，感情胜过理智的可能成为小人。因此，我们应当用理智来约束感情，感情服从理智，以防成为精神上的幼儿，事业上的傻子。

☆ 我们应成为感情上的主人，而不要成为感情上的奴隶。前者可成就大业，后者能破坏事业。

☆ 感情与理性的统一是最美的，因为这是人生最高的哲理，也是最好的生活艺术。

☆ 美感是源于我们生活的需要，而发展美则源于我们对生活的认识。对生活的认识越高，对美的理解就越深，对生活的乐趣就越浓，建功立业的动力就越足，对人类的贡献也就越大。

☆ 真正的感情源于高度的觉悟，高度的觉悟又升华真正的感情。所以感情是道德的核心，是理念的表现，是血肉的凝聚，绝不是虚伪、欺骗所能奏效的。

☆ 感情是把双刃剑，使其放纵无度，不受约束，可能遭受灭顶之灾；但是过分的控制它，缺乏必要的冲动，也必然使人心理变态。

☆ 以最冷漠的方式表达出来的，往往是最深沉、最可靠、最持久的感情；以最轻浮的方式表达出来的，往往是最热烈、最短暂、最悲哀的感情。因而，对感情理解越深，就越能控制感情，使其永久存在；对感情理解越浅，就越容易放纵感情，使其稍纵即逝。

☆ 感情永远是浅薄的，理智永远是深厚的。人们不能只靠感情生活，而要靠理智生存。感情往往使人迷失方向，理智才能使人永不迷航。

☆ 热情之中应当有冷静，冷静之中应当有热情。两者应当有机的统一，男女之间才能有真正的感情、奋斗的友情、幸福的爱情。

☆ 一个人没有热情，没有友情，没有爱情，仅仅为了个人的欲望去无休止地追求名声，谋取私利，苦苦折腾，不是傻瓜，便是神经病。

☆ 热情是一种非常的动力、潜力、能力，但同时也是一种惰力、破坏力、反作用力。因此，聪明的人能驾驭热情、利用热情；笨蛋的人能被热情驱使、毁灭。

☆ 激情是青年人心中的风帆，是中年人心中的柱石，是老年心中的灵丹。青年人要利用好风帆，但不要翻船；中年人要利用好柱石，但不要折断；老年人要利用好灵丹，但不要迷恋。

☆ 没有激情是不幸的，因为它会使一个人的天才被埋没；过分激情是错误的，因为它会使天才毁灭。只有把激情把握好才能发挥人的理智，进行伟大的创造。

☆ 天地赏赐你美貌，也给你美德。没有美德的美貌是转瞬即逝的；可是在你美貌之中有美德，你的美貌才是永存的。因此，美德能补偿容貌的缺陷，而容貌不能弥补美德的缺陷。

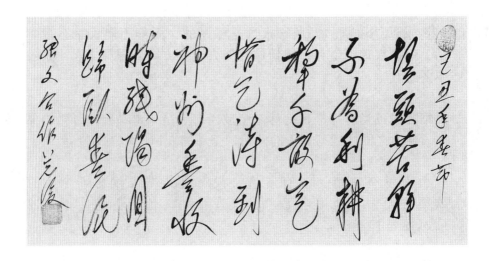

　　活在世界上，任何人不可能完全是苦难，也不可能完全是幸福；不可能事事都胜利，也不可能处处都失败。而苦难中有幸福，失败中有胜利，痛苦中有快乐，这才是人生的真正滋味。因为不喝几口水不能学会游泳，不摔几次跤不能学会走路，不经历失败不能获得胜利，不经过苦难不能赢得幸福。所以人生应该明确一个真理："荣辱成败都是财富，苦甜酸辣都是美味。"

☆ 苦难是人生最好的老师，挫折是通向真理的桥梁。

☆ 苦难是天才的一块垫脚石，是干才的一笔财富，是庸才的万丈深渊。

☆ 摆脱私心无烦恼，超越爱恨乐百年。

☆ 最痛苦的是要战胜自我，最成功的是战胜了自我。

☆ 为别人奉献是幸福的，向别人索取是痛苦的。

☆ 和挨饿的人比，吃饱就要知足；和受冻的人比，穿暖就要知足；和奔波的人比，安闲就要知足；和生病的人比，健康就要知足；和遭祸的人比，平安就要知足；和牺牲的人比，幸存就要知足。

☆ 能舍也就能得，得到的是无限快乐；不能舍得就会有失，失去的是心灵安宁。

☆ 最大的安慰是知足常乐，最大的胸怀是无欲无求，最大的危险是贪得无厌；最大的长处是足智多谋，最大的短处是自暴自弃；最大的聪明是体察事物发展规律，最大的昏暗是不明事物发展前兆；最大的快乐是好善乐观，最大的痛苦是自私自利；最大的欣慰是明确了人生的目标并为之奋斗不息；最大的悲哀是有了人生的目标却不能身体力行。

☆ 自己受苦也不嫉妒别人的幸福；自己受挫也不怨恨别人的顺利。

☆ 嫉妒之心，看什么都不顺眼；慈悲之心，看什么都顺眼。

☆ 把握了真理，就会处处成功，事事快乐；丧失了真理，就会处处碰壁，事事苦恼。

☆ 风霜雨雪是锻炼的好机会，甜酸苦辣都是人生的好滋味。

☆ 有幸生在这个世界上，既会感受到生活的快乐，也会感受到人生的艰辛；既会感受到学习进步的欣喜，也会感受到虚度年华的困惑；既会感受到胜利的自豪，也会感受到失败的痛苦。

☆ 领略自然风光，享受自由人生，放松自己的心灵。

☆ 逆境的科学价值在于：它可以逼迫人努力学习，可以促使人艰苦奋斗，可以锻炼人意志坚强，可以陶冶人宏大胸怀。

☆ 逆境是通向真理的通道，失败是取得胜利的土坎。因而往往磨难出真理，失败见英雄。

☆ 人生最怕的是一个"逸"字。国家因为安逸而衰败，个人因为安逸而昏庸。

☆ 要把昨天的失败与痛苦，换成明天的美满与幸福。

☆ 丧失祖国的亡国奴最痛苦，做二等公民的人最心酸。

☆ 做好人，只要一颗良心；做恶人，需要千方百计。

☆ 读书使人思想深刻，旅游使人心旷神怡，活动使人四肢顺畅，节食使人头脑清亮，交友使人开阔眼界，娱乐使人益寿延年。

☆ 心志要艰苦，志趣要快乐。

☆ 乐观是健康的伴侣，苦恼是疾病的朋友。

☆ 快乐增寿，烦恼损身。

☆ 身忙心闲效率高，精神轻松也愉快；心忙身闲效率低，忧愁烦闷又劳累。

☆ 无欲者圣，寡欲者贤，多欲者凡，纵欲者狂。

☆ 三人之行，必有我师；十步之内，定有芳草。何必苦苦追求不符合实际的东西呢？

☆ 遍历千山，眼界开阔；学富五车，下笔有神；拜万名师，知识丰富。

☆ 人生要有陶醉感：一是勤奋读书，陶醉在知识之中；二是爱好广泛，陶醉在艺术之中；三是亲山近水，陶醉在自然之中；四是广交朋友，陶醉在友情之中；五是建功立业，陶醉在工作之中。

☆ 乐观主义者应当四个忘记：一是忘记自己多大年龄，经常和年轻人在一起；二是忘记自己的职务，经常返璞归真；三是忘记工作中的恩怨，经常保持豁达心情；四是忘记生老病死，经常保持心理健康。

☆ 官大官小，没完没了；钱多钱少，都有烦恼；真诚友谊，越多越好；身体健康，才是宝中之宝。

☆ 科学工作别累着，控制饮食别撑着，适度饮酒别醉着，加强修养别气着，经常运动别闲着。

☆ 心灵的贫乏是人生最可怕的穷困；心灵的快乐是人生最大的富有。

☆ 忙时无人知，真辛苦；痛时无人替，真痛苦。

☆ 痛苦往往来源于自以为是，总认为别人对不起自己。

☆ 不抛掉内心的烦恼，你纵然遍游世界，也得不到快乐。

☆ 愚昧自私的人是自己独乐，智慧公正的人是与人同乐。

☆ 常有不如意，幸运也常有，得失一时事，悲欢是人生。

☆ 吃亏的品德最高尚，占便宜的代价最昂贵。

☆ 吃亏是福，占便宜是祸。

☆ 愚者怕丧失财富，智者怕丧失健康。

☆ 给人的越多，自己可能越富有；拿人家的越多，自己可能越贫困。

☆ 贫患得，富患失。贫者往往拼命追求财富，所以极其烦恼；富者因为怕失去财富，所以极其恐惧。

☆ 患得患失的人，往往是患得得不到，患失失掉了，因为他思想不对头，行动也必然错误。

☆ 得到的不能持久，要谨慎待之；失去的可能复得，要振奋精神。

☆ 丢掉财富不算损失，丢掉健康才是真正的损失，丢掉人格更是终身难以挽回的损失。

☆ 人往往不知道珍惜拥有的东西，而盲目追求得不到的东西。

☆ 得失为私利而争，是非为真理而明。无私者公，无我者正。

☆ 思想上不能患得患失，否则，聪明者变糊涂，勇敢者变胆怯；工作上不能争权夺利，否则，聪明者变邪恶，勇敢者变莽撞。

☆ 权欲容易使人丧失理智；私欲容易使人失掉人性；气欲容易使人损害健康。

☆ 不是得到的一切都那么美好，也不是失去的一切都能忘记。

☆ 以平常心对待得失，得而不傲，失而不悔；以平静之心对待生活，贫而不悲，富而不奢。

☆ 贪得无厌，苦海无边；知足常乐，回头是岸。

☆ 要爱荣誉，但不能爱虚荣；要追求幸福，但不能祈求幸福；要爱护生命，但不能苟且偷生。

☆ 不贪便是财富，健康才是幸福。

☆ 人生的收获不在于占有什么，而在于追求什么；不在于得到什么，而在于奉献什么。

☆ 得不到的东西，人们往往觉得宝贵；得到的东西，人们往往不知珍惜。

☆ 莫为小事争高低，大是大非要坚持。

☆ 真正设置障碍埋没自己的永远是你自己，真正有所作为发挥才能的也永远是你自己。

☆ 一枚银币放在你的眼前，可能挡住所有的阳光；一件事情办不好，可能丧失一生的前程。

☆ 当你自以为拥有财富的时候，实际上你已经被财富征服了。

☆ 人生如果不知足，永远都在烦恼中。

☆ 一个人快乐，不是他索取得多，而是他奉献得多。

☆ 因为房子太多，有的人"妻离子散"；因为房子太少，有的人反能"四世同堂"。

☆ 受得小气，才不至于受大气；吃得小亏，才不至于吃大亏。

☆ 累了别埋怨，歇会儿；烦了别闷着，找乐；困了别硬撑，早睡；乐了别独吞，分享；想了别不说，沟通。人生短暂，善待自己。

☆ 有的人"六找"：缺钱找父母，求职找关系，困难找朋友，当官找后台，吃喝找老板，空虚找情人。

☆ 患得患失换来的是痛苦；恶习太重损害的是健康。

☆ 世界上有一种生意是永远亏本的，那就是发脾气；世界上有一种生意是永远盈利的，那就是以诚待人。

☆ 不管你拥有多少财富，都是给社会的贡献；不管你拥有多少知识，都不过是沧海之一粟；不管你活多大岁数，都只是历史的一瞬间。

☆ 如果你知足，虽然没有多少财富，你仍拥有至宝；如果你欲望太重，你虽拥有财富，但仍是穷光蛋。

☆ 辛勤劳动会带来报酬和喜悦，不劳而获会带来悔恨和痛苦。

☆ 终日无所事事的人固然没有什么快乐，但整日忙于吃喝玩乐的人恐怕也没有什么快乐。

☆ 心静是福，因为没有烦恼；心宽是福，因为没有忧愁；心安是福，因为没有亏心；心诚是福，因为没有歉疚。

☆ 想追求快乐，首先要了解什么是快乐；要自己快乐，首先想到别人的快乐。

☆ 快乐是补品，能够弥补心灵的创伤；快乐是钥匙，能够开启智慧的大门；快乐是风帆，能驶向胜利的彼岸。

☆ 一个不会抓住机遇的人，机遇毫无作用；一个不珍惜幸福的人，也不会有幸福的生活。

☆ 学会与他人相处的人，才能享受生活的快乐；善于帮助别人的人，才能体会到人生的幸福。

☆ 勤奋好学、善于思考、敢于实践、待人诚恳的习惯是人生幸福的源泉，游手好闲、不愿学习、自私自利、心胸狭隘是人生不幸的祸根。

☆ 人生的幸福之车有两个轮子：一个是勤劳，一个是节俭。

☆ 为人类的幸福而劳作是宏大的胸怀，是壮丽的事业。

☆ 平庸的幸福就是醉生梦死，追求的幸福就是艰苦奋斗。

☆ 向别人乞求幸福，永无幸福可享；自己创造幸福，才是真正的享受。

☆ 知足、善良、宽厚和无私是人类幸福的四大支柱。

☆ 自己找到幸福容易，给别人幸福难，为大家谋幸福难上加难。

☆ 善于发现生活乐趣，人生才会幸福。

☆ 被别人思念的人是幸福的，思念别人的人是温馨的。

☆ 感官刺激不是真正的享受，内心安详才是真正的幸福。

☆ 人生的几个幸运：出生有个好父母，上学有个好老师，工作有个好领导，老年有群好朋友，终身有个好伴侣。

☆ 聪明的人勤勉努力去争取幸福，愚蠢的人损人利己去追求享受。

☆ 追求幸福别刻意，追求安宁别躲事，追求长寿少生气，追求智慧多学习。

☆ 求福就要艰苦奋斗，求寿就要经常自省，求智就要广学多闻。

☆ 知足之人，虽然吃的是粗茶淡饭，心里也是快乐的；不知足的人，吃的即使是山珍海味也不称心。

☆ 当你心情愉快的时候，整个世界都是美好的；当你心情不好的时候，整个世界都是灰暗的。

☆ 知足者虽贫犹富，贪婪者虽富犹贫。

☆ 知足常乐，终身不苦；知耻即止，终身不辱。

☆ 私欲和无知，是贪婪之母，是罪恶之源，是人生之苦。

☆ 房小巧安排，地少勤耕耘，妻丑合夫心，此乃幸福人。

☆ 为人要知足，何事都幸福，为人不知足，何时都痛苦。

☆ 成人之美往往伴随着幸福，成人之恶常常埋下祸根。

☆ 钱多不能代表幸福，因为好多东西是用金钱买不来的；权势不能代表幸福，因为好多东西不是有权有势就能得来的。

☆ 快乐的生活来自积极的思想，快乐的工作来自胜任的能力，快乐的学习来自良好的习惯。

☆ 幸福来自健康的身体、纯真的爱情、广泛的爱好、丰富的知识。

☆ 心情快乐是身体健康的催化剂，是美丽面容的化妆品，是交友成功的连心锁。

☆ 快乐就是健康，快乐就是幸福。

☆ 消沉，让生命褪色；奋斗，给生命增色。

☆ 一个真正的乐观主义者，永远不会无事自讨烦恼，不会做无望的企求，不会有无端的伤感，应当是自立自强，保持自己的个性。

☆ 在忧患中看到光明，保持乐观；在安乐中看到问题，保持清醒。

☆ 志士往往因苦难而崛起，懦夫往往因苦难而屈服。

☆ 在得意中回忆过去的艰辛是最大的快乐；在失意时回忆过去的甜蜜是最大的痛苦。

☆ 被人养活，不仅别人痛苦，自己更痛苦。

☆ 人生本有数不清的困难、痛苦和迷惑，只有在克服困难中前进，在战胜痛苦中升华，在突破迷惑中创业，才能有所作为，成为有益于社会和大众的人。

☆ 不经痛苦怎能体验快乐的意义？没有分享怎能发现快乐的真谛？

☆ 不幸的人往往比幸运的人经验更丰富，意志更坚强，品德更高尚，成绩更辉煌。

☆ 不喝几口水怎么能学会游泳？不摔几次跤怎么能学会走路？不经过苦难怎么能体会到幸福？不经历失败怎么能知道胜利的喜悦？

☆ 任何人的生活不可能完全是苦难，也不可能完全是快乐，而是苦难中有快乐，快乐中有苦难，这才是人生的真实滋味。

☆ 唯我的人，整天想着自己的私利，不但自己痛苦，周围的人也跟着痛苦；忘我的人，不但自己快乐，周围的人都跟着快乐。

☆ 艰苦困难的环境往往使有志气的人成长、成熟，使没有志气的人失望、失败。

☆ 乐观使人健康，健康使人进步；悲观使人生病，生病使人落后。

☆ 真正的乐观对生活是快乐的，对工作是热爱的，对学习是用心的，对事业是执着的，对朋友善良的，对自己是严格的。

☆ 人生不怕困难，就怕不分析解决；人生不怕艰苦，就怕不知苦中求乐。

☆ 不能只求一时快乐，造成一生痛苦；也不能为一时发财，而失去多年好友。

☆ 酸甜苦辣无人知，累出疾病无人替；挣钱多少有何用，专为别人做嫁衣。

☆ 世上诸多事，奉献最光荣。

☆ 劳动锻炼了身体，学习净化了灵魂，实践推动了创造。

☆ 奉献是产生力量的源泉，是增长智慧的途径，是升华觉悟的熔炉，是培养意志的学校。

☆ 奉献让人体验到过程的快乐，也让人享受收获的幸福。

☆ 生活不是享受，而是努力的工作；工作不是苦行，而是一种快乐。

☆ 爱工作才能干出成绩；而成绩会让你更热爱工作。

☆ 劳动创造人类，劳动者创造世界；劳动神圣，劳动者光荣。

☆ 劳动者才有享受幸福的权利。

☆ 在劳动中认识规律，尊重规律，运用规律。

☆ 没有认真的学习和积极的劳动，再有才华的人也会变的无用武之地。

☆ 劳动可以让人远离无知、无聊、无为和无钱。

☆ 今天的劳动是明天的收获。

☆ 我们享受他人劳动的成果，也必须为别人付出劳动。

☆ 劳动是艰苦的，成果是甜美的。

☆ 只有劳动所得才是真正的财富。

☆ 劳动不但创造了物质成果，而且创造了精神成果，还创造了人类本身。

☆ 劳动是崇高的，工作是光荣的。

☆ 劳动能治百病，只有通过劳动，思想才能健全，身体才能健康。

☆ 劳动是一个人的义务，也是一个人的权利。

☆ 劳动不仅是谋生的手段，也是生命的存在方式。

☆ 不了解工作意义的人，视工作为苦役；了解工作意义的人，视工作为乐事。

☆ 劳动可以使人忘忧，劳动也可以使人忘我。

☆ 劳动既平凡又伟大，既造福人类，也造福自己。

☆ 热忱是工作的精神，诚心是做人的原则，恒心是学习的诀窍，耐心是成功的保障。

☆ 忙于工作的人没有时间烦恼，努力学习的人忘记烦恼，心胸坦荡的人容纳烦恼。

☆ 人生要学会在劳动中锻炼自己的身体，培养自己的智慧，净化自己的心灵，体验自己的快乐。

☆ 只要勤于劳动，善于思考，即使是小人物也会有无限的力量，即使不太聪明也能创造奇迹。

☆ 并不是任何劳动都为金钱，人应当做金钱的主人，而不应当做金钱的奴隶，这样劳动才有意义。

☆ 劳动是健康的重要条件，劳累是最好的枕头，快乐是最好的补药。

☆ 懒惰比劳动更消耗体力，享乐比奋斗更影响健康。

☆ 不播种的人就不会有收获，不劳动的人就不会有幸福。

☆ 只知道工作学习的人，固然不利于身体健康；只知道休息不知道工作的人，健康又有什么用？

苍天有正气

民心不可违

愿洒满忠骨府

不做怕死鬼

　　作者是四届全国人大代表，议政经验丰富，不论是提出的议案，还是议政的建议，都有理有据，切实可行，不仅受到有关领导和专家们的重视，也深受有关理论界和媒体的重视。这是作者在人民大会堂休息厅回答记者提问。

　　率领全国人大环资委代表团出访意、法两国，考察循环经济和生态文明建设情况，恰逢国际金融风暴，作者同两国参众议员和有关政府负责人、企业家会见时，阐述了价值与价格失调、生产与需求失调、虚拟经济与实体经济失调是导致金融危机深层次原因等观点，深受两国议员和朋友们的赞同和欢迎。

　　在广西北海视察某海防连时，和官兵们亲切交流在基层如何成才，提出了要：勤学习，重苦炼；严修养，会团结；守纪律，作风硬。

　　率领总后全国人大代表赴广西自治区调研时，桂林恭城瑶族自治县是全国的生态模范单位，森林
履盖率达到77%以上，2008年人均水果收入达到3080元，过上了安静、生态的小康生活。随即赋诗一
首：水果红遍天，绿水映蓝天。安居环境美，生态称模范。

在家乡青岛休养期间，整理出版《病中抒怀》诗词三百首时，恰逢生日，作诗自勉：天地赏赐万物生，存亡都在宇宙中。功名利禄总归去，进退去留何必争。

　　作者随陈至立副委员长和汪光焘主任等领导同志到上海、山东进行环评法执法检查时，阐述了只要抓好环评法的贯彻落实，做到开始有环评，中间有跟踪监督，最后有评估讲评，就能把环评贯穿于决策和建设的全过程，有力地促使环保和生态根本性的好转。横跨齐鲁大地，沿途看到的是青山绿水，生态文明建设出现了新的生机，保护生态意识加强，建设生态速度加快，恢复生态成效明显。

　　作者在参加西北工业大学七十年校庆，在与全国政协副主席陈宗兴交流思想时，指出目前我国的军工产品要解决三个卡口：一是材料卡口，防止软骨病；二是动力卡口，防止心脏病；三是计算机卡口，防止神经病。

　　作者同全国人大环资委办事机关的同志们在江浙进行生态文明调研时，反复强调建设生态文明既是当务之急，又是长远任务；既有经济效益，又有社会效益；既有领导责任，又有群众义务。要做到：既要金山银山，又要青山绿水，让群众呼吸上新鲜的空气，喝上清洁的水，吃上放心的食品，是对子孙后代负责，是我们的历史使命。

　　作者先后参加了在云南玉溪和广东中山举办的国际环保纪录片选片会，并赋诗激励：纪录全球环保情，生动形象催人醒。净化世界尽义务，八仙过海显神通。

作者在长沙召开的世界五百强跨国论坛上应邀作了讲演，提出了：这强那强，根本的是要在节能减排，发展循环经济，净化地球上强起来，为此要"政府主导，企业参与；科技支撑，机制推动；市场运作，资金保证；政策激励，群众监督。"

　　在全国总工会疗养院院长经验交流培训班上，被邀请讲了社会保健学一课，提出了"科学工作别累着，加强休养别气着，控制吃喝别撑着，适度喝酒别醉着，经常活动别闲着"的观点，受到院长和专家们的热议。

　　在向北大博士、硕士学员赠送他写的《人生哲理十三观——聊天心语》一书时作了讲演，提出了人要成才，必须努力做到"勤奋学习有知识，努力工作有政绩，严格修养有觉悟，顽强锻炼有体魄"，受到学子们的热烈欢迎和爱戴。

　　在清华大学光华学院企业家培训班上讲《金钱观》一课时，他提出"解放思想敢挣钱，以义取利善赚钱，统筹兼顾会花钱，奉献社会不为钱"的论点，深受学子们的欢迎和好评。

向国学大师季羡林先生请教治学之道，形成了古今贯通，中西贯通，文理贯通，军政贯通的共识。

　　作者和夫人闫桂香向国学大师文怀沙先生请教人生问题，文老谈到："生来自偶然，死确是必然；偶然是有限，必然是无限。时间无头又无尾，空间无边又无际。劳我以生，息我以死。生不足喜，死不足悲"。听后令人深省，使人启迪。

在广西桂林视察。

　　2009年3月作者与中央文献研究室主任冷荣，《瞭望中国》杂志社社长秦清运，好朋友李建军在一起共进晚餐。

张文台

在上海现代领导干部学院讲课时，提出了领导干部要成才，为人民建功立业，必须做到：读万卷书，学习前人的知识；行万里路，学习实践的知识；拜万名师，学习群众的知识；历万般苦，形成自己的知识。

2009年"两会"期间与《瞭望中国》杂志社社长秦清运在一起。

随同全国人大副委员长乌云其木格前往湖北省对部分地市污染防治情况进行执法检查时要求，搞好污染防治工作要完善三个体系，即：逐步完善多元化的投资体系，在增加投入上加大力度；逐步完善法规制度体系，在依法有效管理上加大力度；逐步完善各种监督体系，在落实责任制上加大力度。

　　在水利部张印忠副部长陪同下，率全国人大、水利部的有关同志前往陕西、山西进行《水土保持法》执法调研，并在调研中指出：切实做好水土保持工作成效显著，经验丰富，但任重道远，尚需努力。

为祝贺国学大师文怀沙先生在人民大会堂举办的《四部文明》全球首发仪式获得圆满成功，赋诗一首：老骥伏枥赛夕阳，群英荟萃著华章。是非得失无所惧，修德立言美名扬。

　　率全国人大环资委专家代表团前往比利时首都布鲁塞尔参加国际G8+5气候变化对话立法者论坛，并在会上指出："气候变化既是环境问题，也是发展问题，归根到底是发展问题。对于发展中国家而言，只有提高了自己的经济发展水平，才有可能适应和抵御自然环境变化带来的挑战"，得到了与会各国的赞扬和支持。

　　同全国人大法律委洪虎副主任委员和环资委阎三忠委员率领国务院有关部门的同志组成调研组，前往青海、四川等地进行南水北调西线工程（规划方案）考察调研，实地察看了西线工程第一、二期规划调水线路和主要引水坝址，并分别听取了青海省、四川省人民政府和部分地区及有关部门的专题汇报，并向国务院写出了调研报告。

　　回到阔别已久的山东长岛县南皇城镇，在军地领导的陪同下，当看到三十多年前自己和官兵们一起亲手种下的无花果树如今已长成枝繁叶茂的果树林时，情不自禁赋诗一首：历经沧桑几十年，根深叶茂遮满天。只结硕果不开花，愿留香甜在人间。如今，这片果树林已被官兵们亲切地称为"将军林"。

    在参加青岛中日循环型城市论坛上指出,《循环经济促进法》既借鉴了发达国家发展循环经济的有益作法,也总结了我们改革开放30年来的经验教训;既集中了广大人民群众的智慧,也吸收了法律专家们的意见和建议,还经过了全国人大常委的集体讨论把关。可以讲,这部法律来之不易,作用重大,意义深远。

　　率中华环保世纪行记者组参加国家八部委在青岛举办的"2008年中国国际循环经济成果交易博览会"采访报道时提出：我国循环经济将处在一个从试点、示范逐步向全社会推广的发展阶段，希望青岛市在贯彻实施循环经济促进法方面走在全国前列，创造更多更好的新理念、新技术、新机制、新法规、新政策、新经验、新典型，为促进循环经济的发展做出更大贡献。

　　率中华环保世纪行新闻组对辽宁省大气污染防治工作进行调研采访时，充分肯定他们开发区在环保方面做到的"四高"，即规划建设高起点，调整结构高标准，转变增长方式高效益，环境保护高质量。

　　在樱花盛开的季节，随同全国人大副委员长兼秘书长李建国同志参加与日本国会参议院交流机制第三次会议，并在大会上作了"寻求促进中日立法者共同应对气候变化，把地球家园建设的更美好"的发言。

作者和山东省副省长李兆乾、山东省济宁市市委书记孙守刚亲切交谈。

作者与济南军区政治部秘书长马清江在商谈书稿。

　　科学的信仰是不会破灭的真理，是永远照耀人类前进的灯塔，是人们改造世界的力量源泉。所以刚起步的人在立志，已经起步的人在奋斗，事业成功的人在发扬。有了这样的信仰，精神上就会有动力，学习上就会有毅力，工作上就会有魄力，生活上就会有魅力。由此可见，伟大的希望产生伟大的毅力，伟大的毅力造就伟大的希望。

此子真豪节
心底莫欺私
天地宽胸臆
古今皆历可
行路英为
踌躇争不趋
胆惹无为惧
悲歌肝胆
张文台作草书

☆ 人生应在追求中度过，追求的目标越大，潜力发挥得就越好，对人类的贡献就越多。

☆ 追求正确的东西最幸福，追求错误的东西最痛苦。

☆ 没有追求一事无成，追求过分也必烦恼。

☆ 过去在我心中，现在在我手中，未来在我眼中。

☆ 妄想只能浪费生命，实干才能实现理想。

☆ 追求富贵的是凡人，追求理想的是贤人，追求真理的是圣人。

☆ 没有完美，只有更美，不断追求，永远进步。

☆ 立志就是要弄清自己的一生——有什么样的理想和追求，从事什么样的事业，做什么样的人，求得什么样的学问，达到什么样的目标。

☆ 缺少财富的人不是真穷，没有梦想的人才是真穷。

☆ 平凡的人往往追求不平凡，烦恼缠身；不平凡的人往往甘于平凡，享受平凡。

☆ 不一定有盖世之才，但要有不渝之志。

☆ 志远者不自弃，志坚者不自卑。

☆ 立志是干好事业的大门，勤奋是干好事业的法门。

☆ 去追求，总有所收获；去探索，总有所发现；去奉献，总有所作为。

☆ 人的追求没有止境，人的智慧层出不穷，人的力量用之不尽。

☆ 刚起步的人生贵在立志，已起步的人生贵在坚持，已成功的人生贵在谦虚。

☆ 对信仰丧失信心的人，往往对社会失去信用，对个人丢掉人格。

☆ 信仰之所以宝贵，一方面因为它是现实的，经过努力是可以达到的，另一方面它是未来的，经过几代人的努力才能达到。

☆ 古训有言：修身齐家治国平天下，何其难为！论及长征之难，小平有言：跟着走！何其简单！千难万难，信仰坚定就不难。

☆ 物质可以使人健康，信仰可以使人高尚。

☆ 科学的信仰是不会破灭的真理，是永远照耀人类前进的灯塔，是个人改造世界的力量源泉。

☆ 信仰是理智的延续，而不是感情的作用；奋斗是实现理想的途径，而不是一时的冲动。

☆ 凭感觉做事，往往犯错误；据信仰而行，前途才会光明。

☆ 常人希望平安无事，勇者希望解危济困，贤人希望以德服人，圣人希望立言传世。

☆ 没有理想的生活和脱离生活的理想，都是毫无意义的。

☆ 精神高尚的人，一定是个充满理想的人，一定是个不断求知的人，一定是个无私奉献的人，一定是个不做物质奴隶的人。

☆ 没有希望的生活是悲哀的，没有生活的希望是空洞的。

☆ 少年希望自己长大，青年希望自己成熟，老人希望自己年轻。

☆ 有了信仰精神上就会有动力，学习上就会有毅力，工作上就会有魄力，生活上就会有魅力。

☆ 最有希望的不一定成功，最无希望的也不一定失败。

☆ 人人都会走路，但不一定都会走正路；人人都会有理想，但不一定有正确的理想；人人都会干事业，但不一定都能成功；人人都想做奉献，但不一定有条件。

☆ 失去的是过去，拥有的是现在，永存的是理想。

☆ 不忘过去的经验教训，不忘干好现在的事业，不忘未来的理想。

☆ 对奋斗的人来说，希望是一只号角；对勤勉的人来说，希望是一片风帆；对迷惘的人来说，希望是北斗星；对痛苦的人来说，希望是幸福的彼岸；对成功的人来说，希望是雨后的彩虹。

☆ 没有美好的愿望，永远不会有美好的现实；有了美好的愿望不去奋斗，也永远不会有美好的现实。

☆ 脚踏实地的理想终究会结出果实，而脱离实际的理想半途就会枯萎。

☆ 确定理想靠志气，实现理想靠勇气。

☆ 有了物质才能生存，这是一切动物的普遍特征；有了理想才能生活，这是人与动物的最大区别。

☆ 没有目标智慧就会丧失，没有努力目标也不能实现。

☆ 没有理想就没有目标，没有勇气也实现不了目标。

☆ 没有目标，做不成任何事情；没有远大目标，做不成任何大事。

☆ 干当前，想长远，生命才充实，理想才美妙。

☆ 不论前进的道路上是风雨，还是泥泞，都不要动摇希望，因为希望是目标，是动力，也是美德。

☆ 希望是贫困者的财富，是富有者的天堂。

☆ 理想是人生的灵魂，是世界的主宰，是前进的动力。

☆ 伟大的希望产生伟大的毅力，伟大的事业造就伟大的希望。

☆ 抱有希望即使不能实现，也比没有希望好得多。

☆ 希望可以使穷人变富，可以使富人变贵，可以使凡人干成大事，可以使天才成就奇迹。

☆ 最贫穷的是无知，最卑贱的是无志，最可悲的是无才，最可怕的是无德。

☆ 比绝望更无望的是动摇信念，比死亡更痛苦的是没有希望。

☆ 为实现理想而生活，总是充满欢乐；没有理想的生活，总是枯燥无味。

☆ 一个人理想越崇高，生活就越纯洁，事业就越宏大。

☆ 人生最宝贵的财富是理想，最大的悲哀是没有目标。

☆ 没有兴趣的指引，生活就会千篇一律；没有希望的支持，工作就会枯燥无味。

☆ 为吃喝而生存那是动物，为理想而生存那才是生活。

☆ 实现理想不是靠空谈，而是靠实干。

☆ 没有希望就没有奋斗，没有奋斗就没有成功，没有成功就没有幸福。

☆ 志气要恒，才气要高，骨气要硬，勇气要大。

☆ 没有希望就是绝望，没有作为就是死亡。

☆ 既要有远大的理想，又要有眼前的实干；既要想长远，又要干当前。

☆ 理想同实际结合起来才能结出果实；理想不同实际结合就毫无意义。

☆ 希望是无穷的喜悦，是无形的财富，是无尽的动力，是无限的曙光。

☆ 希望是奋斗的路标，坚忍是奋斗的拐杖。

☆ 没有美好的理想，永远不会有美好的现实。

☆ 没有目标，智慧就会丧失；目标太多，等于没有目标。

☆ 没有志气做不成任何事情，没有雄心壮志做不成大事。

☆ 没有理想就没有前进的目标，没有知识就达不到目标。

☆ 如果一个人不忘过去，立足现实，面向未来，不管遇到多少艰难困苦，他将永远是胜利者。

☆ 希望是成功的动力和风帆。

☆ 人生最宝贵的是希望，最可悲的是无望，最可怜的是无知，最下贱的是无志，最悲哀的是无骨，最无能的是无志，最贫穷的是无才，最可鄙的是无德。

☆ 一个人如果没有向往的前景，他活得就不会快乐；如果没留下点对历史有用的东西，他活得也毫无意义。

☆ 希望在于创新，价值等于奉献。

☆ 没有实现的伟大目标，总比已实现的渺小目标更重要。

☆ 有了美好的愿望才能有美好的现实，有了美好的现实又会产生更美好的愿望。

☆ 明确目标，坚定信心，一鼓作气，定能成功。

☆ 希望是治疗悲观的良方，是鼓舞前进的号角，是事业成功的动力，是做人的支柱。

☆ 理想是人生的航标，希望是人生的阳光，信心是命运的主宰，毅力是成功的保障。

☆ 没有理想的人就没有灵魂，没有希望的地方就没有奋斗。

☆ 理想的属性离不开善与美，善与美的东西要经过奋斗来实现。

☆ 希望象征着青春，青春充满了活力，活力充满了希望。

☆ 有希望的人即使贫困也是幸福的，没有希望的人即使富贵也是痛苦的。

☆ 有希望的人不会绝望，绝望的人往往丧失了希望。

☆ 理想就在我们自身，理想的敌人也在我们自身。

☆ 青年人不应把理想寄托在明天的希望上，而应寄托在今天的奋斗上。

☆ 理想要和社会规律相符，愿望要和自己的能力相称。

☆ 没有理想的人生是枯萎的，而有理想的人生才是常青的。

☆ 理想即使永远不能实现，也是人生力量的源泉；没有理想即使能干些事情，也是人生的悲哀。

☆ 空抱希望没有行动，无疑是慢性自杀，而没有希望的人生无异于死亡。

☆ 有理想的人生是富有的，没有理想的人生是贫穷的。

☆ 为人民谋利益，理想越大奋斗的动力越大；为个人谋私利，目标越大堕落的速度越快。

☆ 为自己的理想奋斗，必有动力；倾注自己的力量，必有收获。

☆ 为理想而生，生命才有意义；为理想而死，死亡才有价值；为理想而战，战斗才有力量；为理想而学，学习才有作用。

☆ 理想落空也无怨无悔，因为有理想地活着，总比没有理想地活着有意义。

☆ 一个人的理想应该让使这个世界更美好。

☆ 一个人的坚强毅力是由他所追求的伟大目标决定的，任何成功都不会超越他追求的目标。

☆ 有希望心中就充满阳光，没有理想心中一片黑暗。

☆ 真理能使敌人低头，诚信能使朋友放心。

☆ 人生应当追求真理，坚持不懈；坚持真理，终生不悔；发展真理，永不僵化。

☆ 靠真理成功才能长久，靠侥幸成功往往以悲剧结束。

☆ 不向权威低头，因为任何权威都是个人的意志；只向真理低头，因为真理代表大众的意志。

☆ 人生的天职在于探索真理，发现真理，实践真理，捍卫真理。

☆ 我爱我师，我更爱真理；我爱今天，我更爱明天。

☆ 真理往往藏在表象的背后，成功往往在困难的尽头。

☆ 任何真理不是凭聪明臆造出来的，而是在实践中产生的；不是靠投票表决对错，而是在实践中接受检验。

☆ 坚持正义，尊重真理，正派做人。

☆ 发现真理靠素质，坚持真理靠信念，发展真理靠实践。

☆ 探索真理犯错误是一时的，抛弃真理犯错误是终身的。

☆ 真理承认自己的作用是有限的，而谬误却要求我们相信它是万能的。

☆ 真理决不会因为有人不承认它而感到苦恼，也不会因为有人批判它而感到失落。

☆ 发现真理不容易，坚持真理更难，纠正违背真理的错误难上加难。

☆ 人们违背良心会受到指责，违背真理会受到惩罚，违背常识会受到讥笑。

☆ 探索真理比占有真理更可贵，坚持真理比理解真理更重要。

☆ 世界上最快乐的事情是为追求真理而奋斗，最伟大的贡献是坚持真理改造世界，最高尚的品质是体悟真理知错改正。

☆ 全面把握真理的人是没有的，不犯错误的人也是没有的。

☆ 实践的长河决不会中断，对真理的认识也决不会停止；今天认识到的真理只不过是走向未知真理的开端。

☆ 真理越遭受攻击，就越会闪耀自己的光辉；热爱真理的人越是遭受挫折，就越激发他对真理的热爱。

☆ 错误的理解不会毁灭真理，错误的行为会玷污真理。

☆ 谬误经不起失败，而真理不怕失败；谬误害怕实践，而真理在实践中才显示出威力。

☆ 生命是短暂的，但真理是永恒的；为了真理而牺牲生命，使真理昭然于天下，牺牲也是光荣的。

☆ 真理威力无穷。相信真理是前提，研究真理是手段，应用真理是目的，发展真理是动力。

☆ 发现真理的人是伟大的，坚持真理的人更伟大。

☆ 真理是实践经验的升华，是认识事物的工具，是人类前进的方向，是开辟未来的阶梯。

☆ 真理在对立中确立，谬误在矛盾中显现。

☆ 除了实践之外，没有别的办法能够检验真理，也没有别的办法能识别错误。

☆ 生命用于探索真理才能获得永生，为坚持真理即使献出生命也在所不惜。

☆ 相信真理的人一定会抵制谎言，谎言成性的人也一定会诋毁真理。

☆ 没有真理，就没有信仰，即使腰缠万贯也是个乞丐；有了真理就有了信仰，即使身无分文也是个富翁。

☆ 发现真理重要，实践真理更重要，发展真理尤其重要。

☆ 真理昌盛的国家没有不强盛的，真理武装的个人没有不成功的。

☆ 伟大的国家，产生伟大的真理，创造伟大的业绩，造就伟大的公民。

☆ 真正懂得真理的人，处理什么事情都会恰到好处，既不会过头，也不会不及。

☆ 探索真理是智者，实践真理是英雄，发展真理是圣贤。

☆ 错误可能有多种表现方式，但真理只能有一种存在的方式。

☆ 错误是经不起失败的，但真理却不怕失败。

☆ 不要因为尖锐的批评而生气，而要为丧失真理而着急。因为真理不总是符合口味，符合口味的不一定是真理。

☆ 弄清真正的道理，才能活得有意义，活出生命的真正价值，才能活得快乐。

☆ 智慧的耳朵才能听出真理，明亮的眼睛才能看出真理，聪明的头脑才能想出真理，勤劳的双手才能干出真理。

☆ 掌握真理的人才拥有真正的生命，用真理指导实践的人才是真正掌握了真理。

☆ 探索真理的道路是崎岖的，甚至是危险的，对真理的坚持更是艰难的，甚至是痛苦的。

☆ 真理不需要光彩，美丽不需要夸奖。

☆ 人类的使命决不会在已认识的真理上停止不前，而会不断走向未知的世界。

☆ 要征服一切，先要征服自己；要征服谬论，先要掌握真理。

☆ 希望代替不了真理，攻击诋毁不了真理，批判埋没不了真理。

☆ 平凡之中孕育着伟大，言谈之中揭示着真理。

☆ 用真理去反驳谬论，用事实去戳穿谎言，用正义去战胜邪恶。

☆ 在探索真理的道路上走过弯路，犯过错误，并不是坏事，关键在于认识它和改正它。

☆ 真理是永无止境的，世世代代只能接近它，不能超越它。

☆ 真理只有一个，它不在宗教中，也不在幻想中，而是在实践中，在探索中。

☆ 真理的力量是无穷的，权势压不倒，迷信吓不倒；相反它在藐视权威、冲破迷信、笑迎攻击中放出光彩。

☆ 真理不应该从古代圣人的书本中去寻找，也不应当从现成的结论中去寻找，而应当从实践活动中去寻找，从科学实验中去寻找。

☆ 探索真理需要勇气，坚持真理需要勇敢，发展真理需要实践。

☆ 真理给青年以营养，给中年以智慧，给老年以安详；在你幸福的时候锦上添花，在你不幸的时候给你力量，在你受挫的时候给你方向。

☆ 为探索真理而吃苦虽苦犹乐；为坚持真理而牺牲虽死犹荣。

☆ 人们可以靠真理来完善自己，提高觉悟，征服自然，成为英雄。

☆ 任何探索真理的个人，都是前人生命的延续，是现代人生命的一部分，是后人生命的开端。如此延续下去，真理一代比一代完善，社会也一代比一代更美好。

☆ 真理是在批评与自我批评中发展起来的，是经过亿万群众的实践检验的，也是在新的实践中不断发展完善的。

　　人生有涯智无涯，修身学习知不足。因为人的理想可以通过学习来确立，生命的意义可以通过学习来体悟，自身的能力可以通过学习来提高，崇高的思想境界可以通过学习来升华。因此凡干成大事者，无不是读万卷书，学习前人的知识；行万里路，学习实践的知识；拜万名师，学习别人的知识；历万般苦，形成自己的知识。

先做尽说邑亚人先
语后做邑
贤人先说
不做邑少大
不说不做邑
贵人
张氏名谈於艺海
香斋

辛丑年暑月

☆ 生命的真正意义，在于探索未知的世界，在于留给后人值得学习的东西。

☆ 探索真理是人的天职，坚持真理是人的义务，发展真理是人的责任，捍卫真理是人的权利。

☆ 任何权威都否定不了真理，任何攻击都歪曲不了真理。

☆ 伟大的真理往往隐藏在平凡之中，平凡的真理往往被广大群众所接受。

☆ 发现真理的人是非凡的，实践真理的人是可敬的，发展真理的人是伟大的。

☆ 多数人反对的不一定不是真理，因为总是少数人最先发现真理；多数人赞成的也不一定是真理，只有经过实践的检验才能确立。

☆ 探索真理避免不了失败，确立真理往往会有牺牲。

☆ 不用哲学武装头脑，谁也进不了真理的殿堂；不用哲学指导工作，谁也难以取得令人满意的成就。

☆ 怀疑是研究哲学的动力，实践是掌握哲学的基础，应用是学习哲学的目的，创新是实践哲学的精髓。

☆ 理论是抽象的哲学，艺术是形象的哲学，军事是行动的哲学。

☆ 哲学是观察问题的显微镜，是分析问题的指南针，是解决问题的有力武器。

☆ 哲学具有四性：一是客观性；二是辩证性；三是阶级性；四是创造性。

☆ 哲学是人类的最高真理，哲学才是人类的上帝。

☆ 人总是用思维的方法去认识事物，并找出规律。用劳动的方法去改造事物，变成现实。因而实践是检验思想正确与否的标准，也是联系思想和实践的桥梁。

☆ 人类创造了思想，而思想又塑造了人类。

☆ 学习使我们发现不足，不会有观望的态度；创新使我们不断探索，不敢有满足的心理；压力使我们保持旺盛的斗志，不敢有任何懈怠。

☆ 学习目的是为了创新，创新的目的是为了发展，为此就要不断否定自我，不断超越自我。

☆ 无知就会贫穷，落后就要挨打。

☆ 知道自己无知，往往是进步的开始；不知道自己的无知，等于双倍的无知。

☆ 当你苦心钻研学问时，外界的干扰就不是压力。

☆ 要想有所作为，就应该永远学习，永远思考，永远工作，永远创造。

☆ 深入思考是记忆的诀窍，全面理解是掌握的途径，反复应用是创新的要点。

☆ 知道自己不足，而又有自知之明的人，往往会勤奋学习，知道的越来越多；知道的很少没有自知之明的人，常常不注重学习，知道的越来越少。

☆ 有学问无道德，是个歪才；有道德无学问，是个庸才；有学问有道德是个良才。

☆ 人生的理想可以通过学习来确立，生命的意义可以通过学习来领悟，自身的能力可能通过学习来提高，崇高的境界可以通过学习来升华。

☆ 治学五步曲：一是听懂；二是记牢；三是理解；四是应用；五是创新。

☆ 一个人不善于思考，学再多知识也无用；不善于学习，思考再多也无用；不善于实践，学习思考都无用。应在实践中学习与思索，在学习中思索与实践，在思索中学习与实践。

☆ 学习是终身的任务，工作是终身的责任，修养是终身的要求。

☆ 读书可以求得知识，思考才能去粗取精，实践才能发展创新。

☆ 只要勤于学习，没有掌握不了的知识；只要努力奋斗，没有干不成的事业；只要有决心，没有克服不了的困难。

☆ 学习应做到：眼勤，多看书；脑勤，多思考；嘴勤，多请教；手勤，多记录。

☆ 学习理论有"四能"：钻进去，道理能弄明白；讲出来，群众能听明白；用起来，工作上能干明白；总结起来，自己能写明白。

☆ 结合实际，向书本学习，向实践学习，向群众学习，就能学有所得；学有所悟，学有所成，不断提高境界，增长领导才干。

☆ 学习理论是为了升华自己的境界，而不是教育别人；弄懂理论是为了指导自己的实践，而不是高谈阔论；发展理论是为了与时俱进，而不是为了炫耀自己。

☆ 理论学习要在三个方面下功夫：一是在领会精神实质上下功夫；二是在联系实际推动工作上下功夫；三是在改造思想提高素质上下功夫。

☆ 现代文瘊：国家大事漠不关心，科学新知从不费心，学习思索无所用心，与人交往不愿交心，百般调侃只求开心。

☆ 现代文盲：不看书不看报，名利场上凑热闹，不看新闻信"小道"，上网发帖兼骂俏。

☆ 幸福的源泉在于知识，痛苦的根源在于无知。

☆ 不学习的人是个愚蠢的人，不会学习的人同样愚蠢，善于学习的人才是聪明的人。

☆ 从书本中学习是前人的知识，从实践中学习是大家的知识，从错误中学习是自己的知识。

☆ 学习无非是两种：一种是学活，活学活用；一种是学死，死记硬套。

☆ 一旦学死，如何有作为？一生死学，如何求生存？

☆ 自满的人难求知，自大的人难成才，自恃的人难成功。

☆ 学问以兴趣为入门，以勤奋为途径，以应用为目的，以创新为宗旨。

☆ 开启知识宝库的钥匙有两把：一把是勤奋，一把是实践。

☆ 知识不多的人容易骄傲，以掩盖他们的无知；知识丰富的人最谦逊，以展示他们的胸怀。

☆ 聪明人应当具备较快的接受各种知识的能力，能记得住；深入消化的能力，能理解得了；善于应用的能力，能指导实践；独立思考的能力，敢于创造。

☆ 男子有学问少世故者不如多世故无学问者，女子有学问无美貌者不如有美貌无学问者，最是人间不平事。

☆ 学问学问，要学就要问；学习学习，学而时习之。

☆ 少年努力学习，壮年才能有所作为；壮年努力学习，老年才能硕果累累；老年努力学习，一生才能圆满。

☆ 学习、思考和写作常常使人忘记了时间，忘记了吃饭，忘记了睡觉，忘记了疾病，忘记了年龄，忘记了烦恼，忘记了一切。

☆ 在学习中独立思考，才有新见解；在工作中独立行动，才有新创造；在人生中独立追求，才有新境界。

☆ 兴趣是学习成功之动力，毅力是学习成功之风帆，信心是学习成功之秘诀。

☆ 学习比聪明重要，勤奋比天才重要，劳动比富有重要，品德比地位重要。

☆ 学习越少想的越多，干事越少说的越多。

☆ 学习不但提高能力，也提高境界；节约不但创造价值，也防止腐败。

☆ 学生首先应当有生存能力，生活可以自理；其次有学习能力，善于消化知识；再次要有自我约束能力，自觉遵纪守法；最后要有工作能力，在实践中有所创造。

☆ 空学不如善思，善思不如实践。

☆ 挑人之过者愚，从人之长者智。

☆ 独学而无友，必然孤陋寡闻；友多而博闻，也必然无所适从。

☆ 进而建功立业，不要为出名；退而著书立言，就不要为传世。

☆ 没有用的东西清理难，忘记亦难；有用的东西记住难，应
用更难。

☆ 把全部精力用在治学上，任何深奥的哲理都能把握；把昂扬的斗
志用在创业上，任何艰难困苦的事情都能做成。

☆ 求知治学之途有六：一是学习，博览群书；二是思考，抓住本
质；三是好问，虚心求教；四是实践，善于应用；五是总结，找
出规律；六是创新，与时俱进。

☆ 创造世界的人，往往用行动去写历史；历史往往是在创造世界之
后写的。

☆ 纯洁的思想，可以使日常的举止高贵起来；险恶的用心，却使伟
大的事情黯淡无光。

☆ 养成思考和实践的习惯，就会对什么事情都感兴趣，都能干出个
道理来。

☆ 把简单的问题看得复杂一点，可能会发现许多新问题；把复杂的
问题看得简单一点，可能会得出新的结论。

☆ 不学习，就不会有知识；不劳动，就不会有成果；不战斗，就不
会有胜利；不修身，就不会有品德。

☆ 不断地学习，是掌握知识的钥匙；不断地努力，是人生成功的秘诀。

☆ 摆脱烦恼最好的方法就是工作，取得进步最好的招数就是学习。

☆ 为民忙，为军忙，忙里偷闲写写诗文，教育子孙后代；劳心苦，劳力苦，苦中取乐会会朋友，关心国家大事。

☆ 实践一句名言，比看一千句都有用；干一件实事，胜过一千份决心书。

☆ 羡慕别人的时候，不要轻易否定自己；取得进步的时候，不要忘记学习别人。

☆ 把学习当成一种快乐，它就能够给你带来聪明才智；把工作当成一种享受，它就会成就光荣。

☆ 知道自己渺小的人，才能学习别人的伟大。

☆ 智者的忠言犹如航海的罗盘，可以给自己指明方向。

☆ 天高不如才高，地厚不如德厚，金多不如书多。

☆ 学习在于认识世界，运用在于改造世界；学习在于修身求索，运用在于持久实干。

☆ 学术上应择善而从，不要用自己的观点轻易否定他人的见解；也不要因为仰慕他人而轻易否定自己的见解。

☆ 强化科学观念，弘扬科学精神，树立科学态度，掌握科学方法。

☆ 不怕水平低，就怕不学习；不怕没经验，就怕不实干。

☆ 别人教的方法再好，你结合实际才能受益，照抄照搬从来害多益少。

☆ 经过痛苦的磨练，人往往更懂得学习重要，更知道珍惜已有的成绩，更能享受到幸福的人生。

☆ 知识是武装自己的武器，而不是教训别人的资本；道德是提升自己的明灯，而不是责贬别人的鞭子。

☆ 追求物质，就像鸟的翅膀系上了黄金，永远飞不起来；追求知识，就像鸟的翅膀乘上了气流，会越飞越高。

☆ 报纸是现实世界的镜子，眼睛是现实世界的主人。

☆ 狡诈来自无知，欺骗来自懒惰，残酷来自愚昧。

☆ 智慧是学出来的，毅力是磨出来的，成绩是干出来的，健康是练出来的。

☆ 学问贵精不贵博，粗知不如精通。

☆ 治学不是模仿，而是掌握方法；应用不是照抄，而是灵活创新。

☆ 书籍是你身旁最好的顾问，群众是你周围最好的老师，实践是你学习最好的课堂，总结是你自我提高最好的方式。

☆ 学习学习，又学又习，只学不习难扎实，只习不学难发展。

☆ 学问学问，又学又问；只学不问，越学越蠢；只问不学，越问越昏。

☆ 学习而不思考，不会巩固；思考而不学习，不会长进。

☆ 学则智，不学则愚；学则治，不学则乱；学则强，不学则弱；学则富，不学则穷。

☆ 思考再思考是学习的老师，实践再实践是学习的课堂。

☆ 先知道自己无知才会转化为有知，先知道自己无能才会转化为有能。

☆ 要真正掌握知识必须有丰富的实践经验，要懂得真理必须从自身错误中总结。

☆ 一个人只要有思想，他就是自由的；只要有知识，他就是富有的。

☆ 对任何知识要想一下子知道，就意味着永远不可能知道；要想什么都知道，就意味着什么也不知道。

☆ 脑力劳动的人应当经常活动四肢，体力劳动的人应当经常看书学习；知识分子劳动化，劳动分子知识化，将有利于提高工作效率，保持身体健康。

☆ 在学习问题上：一是要有毅力，二是要有疑问。没有毅力不可能掌握知识，没有疑问不可能发展知识。

☆ 在学习问题上：一是既要认真地学习，还要大胆地疑问；二是既要慎重地思考，还要果断地行动；三是既要虚心地继承，还要冷静地批判。

☆ 天资聪明，勤奋可以发挥作用；天资平庸，勤奋可以弥补不足。

☆ 思想是行动的种子，行动是思想的果实，没有先进的思想，就难有香甜的果实。

☆ 符合实际的思想可以使地狱变成天堂，违反实际的思想可以使天堂变成地狱。

☆ 天下赞誉的东西，不符合事实，也不要去学习；天下非议的东西，符合事实的，也不要去批判。

☆ 学习理论来升华自己的境界，学习历史来丰富自己的智慧，学习法规来规范自己的行动，学习英模来激励自己的斗志，学习科学来提高自己的能力。

☆ 在学习中加强智慧，在自律中培养道德，在奋斗中创造幸福，在锻炼中延长生命。

☆ 知识必须变成能力才是学问，梦想必须变成行动才是理想。

☆ 问号是开启科学圣殿的钥匙，而努力是登堂入室的台阶。

☆ 世界上没有不能认识的东西，只有尚未认识的东西。

☆ 在科学研究的过程中，耐心的持久胜过激烈的狂热。

☆ 科学家应当是个幻想家，敢于想象；又是个实干家，勇于实验；还是个冒险家，敢于探索。

☆ 真正的思想家，决不考虑著述的前途，而是它的社会价值。

☆ 人要有"四个头脑"：政治头脑，方向明；科学头脑，文化高；经济头脑，效益好；法律头脑，讲原则。

☆ 善于学习理论的人，往往会搞好三个转化：一是把理论转化为科学的思想方法，看问题更辩证一些；二是把理论转化为思想觉悟，立党为公的根子扎得更深一些；三是把理论转化为工作的动力，开拓事业的劲头更大一些。

☆ 提高能力要把好学习与实践两个环节，做到努力学习，使知识的翅膀硬起来；勇于实践，使经验的翅膀硬起来，两个翅膀都要过硬，才能飞得高远。

☆ 学习对全局来讲是个战略问题，对单位来讲是个关键问题，对个人来讲是个终身问题。因而应当向书本学习，汲取前人文化成果；向实践学习，总结经验教训；向群众学习，吸收民间智慧。真正做到学有所得、学有所悟、学有所成、学有所用，不断丰富自己的知识，提高自己的境界，增长自己的才干。

☆ 学习这件事不在于有没有人教你，而在于有没有恒心；不在于学校的好坏，而在于自己是不是得法。

☆ 人生正确的道路应该是借鉴前辈的，学习今人的，走好自己的，开启未来的。

☆ 人应该终生学习，死亡的时候才能毕业。

☆ 勤学善思给人力量，升华境界。

☆ 知识浩如烟海，时间贵如黄金，任何人都要学习、学习再学习。

☆ 不但要从自己经验中学习，更要从别人经验中学习，人不可能事事经历；需要从成功的经验中学习，更要从失败的教训中学习，教训让人更深刻。

☆ 学习需要互相交流，凡是你不知道的就要虚心求教，不耻下问；凡是你知道的就要耐心教给别人，诲人不倦。

☆ 学习是为自己活得更有意义，为别人活得更美好。

☆ 一个人一生在实践中的学习时间总比在学校学习时间长，没有老师的学习总比有老师的学习时间长，因而只靠学校是不能学多少知识的，老师教给的知识也是有限。

☆ 学习越深入你越会发现自己的不足，越感到不足就越需要学习。

☆ 不善于学习思考，就没有聪明的人；只要肯学习思考，就没有不明白的人。

☆ 学习既要善于读书，不断扩大知识面；又要善于思考，提高层次；还要善于应用，在实践中检验和发展。

☆ 学问是终身的财富，别人拿不走，自己丢不了。

☆ 愚昧是痛苦的深渊，知识是幸福的源泉。

☆ 求知不是为了炫耀自己，装潢自己，而是为了完善自己，指导自己。

☆ 刀不磨就生锈，水不流就发臭，人不学就落后。

☆ 好问之人，时时顺利，不问之人，处处碰壁。

☆ 求知之人不会清闲，清闲之人不会求知。因而在现实生活中，工作越忙的人知识越多，越闲的人知识越少。

☆ 活到老，学到老；知识多，不浮躁；修身心，莫忘了。

☆ 增加财富必须扩大知识，扩大知识也必定增加财富。

☆ 正确的思想可使地狱变成天堂，错误的思想可以使天堂变成地狱。

☆ 牢记古人遗训，学习今人之智，不忘后人之事。

☆ 不要相信流言，否则迷失方向；不要迷信权威，权威也会失误。

☆ 哪里有思想，哪里就有光明；哪里有思想，哪里就有信心；哪里有思想，哪里就有胜利。

☆ 世界上只有尚未认识的东西，而没有不可认识的东西。因为我不认识别人会认识，这代人不认识后代人会认识。

☆ 思想纯洁，行为才能高尚；思想科学，实践才能正确。

☆ 思想往往是在人际交往中萌芽，在孤独中酝酿和成熟，在实践中验证和发展。

☆ 冷静的观察，深入的思考，是一切智慧的开端，是一切良知的源泉，是一切成功的指南。

☆ 知识是人类的宝库，但开启这个宝库的钥匙是实践，检验这个宝库的尺度也是实践，丰富这个宝库的还是实践。

☆ 只有学习才能掌握知识的真谛，只有劳动才能获得生活的享受。

☆ 知识能够成就一切，一切成功在于知识。

☆ 有知识的人，永远不看重他人的过失；无知识的人，永远看不见自己的过失。

☆ 刻苦学习获得的知识才有用；艰苦劳动获得的东西才宝贵。

☆ 知识从学习中来，经验从实践中来，成绩从奋斗中来，觉悟从修养中来，健康从运动中来。

☆ 管用的知识任何东西也换不来，纯洁的灵魂多少金钱也买不来。

☆ 知识是升华境界的洗涤剂，也是创造财富的催化剂，还是团结群众的粘合剂。

☆ 知识是大脑的原料，思考是原料的加工，应用是原料的补充，总结是原料的升华。

☆ 学习知识是终身的任务，为人民服务是永恒的义务。

☆ 不要把自己的知识装在脑袋里，而是要运用到实践中；不要把自己的理想摆在口头上，而是要落实到行动中。

☆ 无知是贫困之母、万恶之源；知识才是创造的风帆、幸福的罗盘。

☆ 学而不用，留作何用？学有所用，留名何用？

☆ 有知识的人自得其乐；没有知识的人寻欢作乐。

☆ 不耻下问品自高，自恃聪明要摔跤。

☆ 任何干大事的人可以没有学历，但不可没有学识。

☆ 凡人应用知识，贤人发展知识，圣人创造知识。

☆ 聪明的老师不但传授知识，还要传授学习方法。

☆ 知识在于积累，健康在于积累，能力也在于积累。

☆ 你理解了的知识才能为你服务；你不理解的东西你永远无法吸收。

☆ 知识可以使贫者富，也可以使富者贵。

☆ 学问是人类的精神财富，可以使富贵者高尚，使贫穷者富有，使青年人成材，使老年人健康。

☆ 青年是学习知识的时期，中年是运用知识的时期，老年是总结知识的时期。

☆ 金钱装饰你的外表，知识才能充实你的内心。

☆ 道理先用来教育别人，不用来约束自己，真理可以成为谬论；知识用来批评世界，而不用来改造世界，知识也是无知。

☆ 知识装在勤奋者的头脑里，金钱装在勤俭者的口袋里。

☆ 拥有丰富知识的人能够享受孤独；精神空虚的人任何时候都感到孤独。

☆ 肉体会腐朽，知识不会腐朽；应以将朽之体，创造不朽知识。

☆ 工作只能你自己去做，知识只能告诉我们如何去做，而不能代替我们去做。

☆ 实践是知识的源泉，思考是知识的灵魂，语言是知识的工具，书本是知识的载体。

☆ 无知是骄傲的根源，知识是谦虚的源泉。

☆ 没有知识的地方，往往把愚昧当成科学，把科学视为魔术，把善良看成愚钝。

☆ 听话要听四种人的话：一种是有智慧的人，一种是有经验的人，一种是有教训的人，一种是有道德的人。

☆ 聪明的人经常想的是如何增进知识，提高道德，交好朋友，干好事业；而愚蠢的人经常想的是如何聚财，如何享受。

☆ 有真智慧的人，才有真道德，有真道德的人，也才能掌握真智慧。

☆ 吸收别人智慧的人，才能使自己知识变得更渊博；敢于开拓创新的人，才能使自己更聪明。

☆ 傻子总认为自己比别人聪明，而聪明人总认为自己比别人愚笨。

☆ 精明的人考虑自己的利益多，而明智的人考虑他人的利益多。

☆ 多问则不愚，多看则不偏，多听则不暗，多想则不惑。

☆ 聪明人善于控制自己的缺点和错误，使自己走向成功；愚蠢的人则被缺点和错误控制，使自己滑向失败。

☆ 在某种情况下显得聪明的人，在别的情况下可能是笨蛋；在一种情况下表现愚笨的人，在别的情况下也可能很聪明。

☆ 天生的愚蠢是糟糕，学成的愚蠢更糟糕。

☆ 智慧有它的偏见性，感觉有它的规律性，实践更有它的权威性。

☆ 智慧能赢得财富，而财富换不来智慧。

☆ 真正的智慧不仅是对前人经验的应用，而且是自己的创新，也是后人前进的先导。

☆ 智慧并不产生于学历，而是产生于经验，产生于能力，产生于智力。

☆ 有智慧的人往往生活最快乐，工作最有劲，交友最忠诚，战斗最勇敢。

☆ 最大的决心会激发最高的智慧，但智慧不一定能产生最大的决心。

☆ 聪明的人不一定有智慧，有智慧的人一定聪明；聪明的人不一定能是好人，有智慧的人一定做好事。这就是常说的吃亏是福，占便宜是祸。

☆ 聪明人善于转化，能把烦恼转化为智慧，把痛苦转化为痛快，把失败转化为胜利，把疾病转化为健康。

☆ 聪明用在正道上，越聪明越好；聪明用在邪道上，越聪明越坏。

☆ 只有智慧的耳朵才能倾听真理，只有智慧的眼睛才能发现真理，只有智慧的头脑才能感悟真理。

☆ 智慧是谋事之本，成功之道。

☆ 智慧从苦难中取得，胜利从失败中得来。

☆ 思考周全，这是成事之本；语言简练，这是成事之需；行为公正，这是成事之基；效果明显，这是成事之标。

☆ 智慧用来为人民服务就是宝贵财富，为自己谋利就是可怕的包袱。

☆ 人的智慧：一是来源于反复的实践经验；二是来源于深入的思考提炼；三是来源于群众思想；四是来源于公正的行为。

☆ 智慧创造价值，价值又创造智慧。

☆ 一个人的智慧：一靠学习培养，二靠实践锻炼，三靠经常思考。

☆ 善于思考是智慧的开端，勇于实践是智慧的源泉，长于总结是智慧的升华，敢于创新是智慧的发展。

☆ 认识自己的缺点是智慧的表现，掩盖自己的错误是愚蠢的表现。

☆ 聪明人在工作中肯定也做过傻事，一贯正确的人肯定掩盖了自己的愚蠢。

☆ 智慧是升华境界的动力，是推动社会的杠杆，是发明创造的源泉。

☆ 最大的聪明莫过于认识自己的无知，最大的愚蠢莫过于掩盖自己的无知。

☆ 任何财富都不如才智有用，任何高贵都不如人格值钱。

☆ 真正高明的人能够借鉴别人的智慧弥补自己的不足，借鉴别人的教训来防止自己的错误，借鉴别人的品德来完善自己的人格。

☆ 真正的智者必然思想先进，言而有信，处事公正，严以律己。

☆ 一个人知道得越多，越能感到自己的不足；知道得越少，越会感到自己了不起。

☆ 聪明的人做的多，说的少；愚蠢的人说的多，做的少。

☆ 聪明的人约束自己，愚蠢的人教育他人；聪明的人先做后说，愚蠢的人先说后做。

☆ 愚蠢的人从聪明的人那里学不到什么东西，而聪明的人却能够从愚蠢的人那里学习。

☆ 牢记过去的愚蠢才能开启智慧的未来。

☆ 有了智慧，自然能掌握真理；能掌握真理，生活自然是快乐的。

☆ 智慧能去掉傲慢，谦卑能增加智慧。

☆ 智慧是在实践中学出来的，意志是在困难中磨出来的。

☆ 有智慧的人一定聪明，聪明的人未必有智慧。

☆ 愚蠢的人总认为自己比别人聪明，聪明的人则总能从别人那里学到长处。

☆ 愚者责人之过，智者从人之长。

☆ 沉默是一种智慧的表现，唠叨是一种愚昧的放任。

☆ 智慧从亲身体会中来，聪明从知识积累中来。

☆ 智慧给人希望，愚昧让人绝望。

☆ 慎用聪明最聪明，乱用聪明不聪明。

☆ 读书要做到"六善"：一是善选，就是要读好书；二是要善问，就是领会精神实质；三是善钻，就是不断解疑解惑；四是善思，就是结合实际深入思考；五是善用，就是指导自己的实践；六是善创，就是不断创新。

☆ 学会读书是点燃求知的火焰，学会做人是润育品德的幼苗。

☆ 家清无俗客，房旧有藏书。

☆ 读书是最有效的学习，因为可以吸收前人的智慧，弥补自己的不足；实践是更重要的学习，因为可以检验你所学知识的对与错，可以完善前人的不足。

☆ 读书要明大意，不要纠缠细节；做人要知自律，不要忽视小节。

☆ 读书必须独立思考才能有所发现，知识必须用于实践才能有所创新。

☆ 活读书，读活书，可以使愚蠢的人变聪明，使聪明的人更聪明；如果死读书，读死书，可以使愚蠢的人更愚蠢，聪明的人变愚蠢。

☆ 下功夫读好书吧！你可以借鉴别人的成果，升华自己的境界，提高自己的能力，干好自己的事业。

☆ 好书告诉你的是人生真理，使你聪明起来；坏书宣扬的是谬误，使你变得更加无知。

☆ 读书是为了继承，继承是为了应用，应用是为了创新，创新是为了进步。

☆ 两种读书人：读活书，活读书，读书活；死读书，读死书，读书死。

☆ 读书有四种人：一种是慕一时之虚名，只为装饰书架，以资炫耀；一种是竭尽全力，广泛搜求，只为增加藏书的数量；一种人显然爱书，也勤于读书，但不能学以致用；还有一种人会读书，爱思考，能创新，使知识变成财富。

☆ 有的人言必称孔孟，其实不懂孔孟；言必称马列，其实不懂马列。不为他人，只为唬人。

☆ 有的人读书装门头，写书赶浪头，卖书拿甜头。

☆ 行万里路，眼界开阔见识多；读万卷书，胸怀宏大知识博。

☆ 不读书，没有知识固然不行，但是乱读书，不会应用更加不行。

☆ 书好比药物，善读者可以医愚，不善读者可以毒死。

☆ 观人一世不如观人一书。

☆ 读书的出入之法：开始要能钻进书本，沉醉其中，务求弄通弄懂，这是入书之法；实践要能走出书本，灵活变通，务求有效应用，这是出书之法；在实践中融会贯通，有所创新，这是写书之法。

☆ 立志识遍天下字，发奋读尽世上书。

☆ 读书要做到四多：一是眼要多看，二是口要多念，三是心要多想，四是手要多写。

☆ 读书四要：一要博学，二要深思，三要活用，四要创新。

☆ 读书是人生的乐趣，教育是人生的义务，写书是人生的责任。

☆ 读书使人由愚蠢变智慧，用书使人由俗人变哲人，写书使人由速朽变永存。

☆ 读书的要领在入心入脑，用书的诀窍在书外实践，写书的根本在综合创新。

☆ 书是聪明人最忠实的朋友，最高明的老师，最可敬的首长，最温馨的伴侣。

☆ 读好书，做好事，当好人。

☆ 读好书可以使聪明的人更有智慧，读坏书可以使愚蠢的人更加盲从。

☆ 不读书的人思想就会僵化，读坏书的人思想就会变质。

☆ 书是改造主观世界的武器，是认识客观世界的工具，是人类进步的阶梯。

☆ 经验丰富的人读书有两只眼：一只眼看到书面上的话，一只眼看到书背后的话；能力超凡的人读书有两个用处：一个是提高自己的思想觉悟，一个是增强自己的工作能力。

☆ 读书有成者收获无非两方面：一是独立思考，有新见解；二是指导实践，有新成果。

☆ 好书具有强大的说服力，超凡的感染力，历史的贯穿力，不朽的生命力。

☆ 好书是知识的宝库，是智慧的钥匙，是民族的灵魂。

☆ 读书越多思想就越高尚，眼界就越开阔，处事就越有效，工作就越勇敢，身体也就越健康。

☆ 学习无非是两个途径：一个是读有字之书，就是向书本学习；二是无字之书，就是向实践学习。

☆ 读书要三问：一问讲的道理是否正确？二问正确的道理自己是否做到了？三问没有做到的今后怎么办？

☆ 读书是用别人的头脑来武装自己的头脑，写书是用自己的头脑去武装别人的头脑。

☆ 读新书，如识良友；温旧书，如逢故交。

☆ 书是人类进步的阶梯，因为读书可以懂得做人之理，不断为社会做出贡献；书是人类的良师益友，因为读书可以使人明白成事之道，不断提升自己的境界。

☆ 读书明理，务求吃透精神实质；处世用理，务求灵活有神；实践创理，务求与时俱进。

☆ 案上书不可多，心中书不可少。

☆ 书有未读常努力，事无不可对人言。

☆ 不读无益之书，不说无益之话，不交无益之友，不干无益之事。

☆ 读书治学是快乐的事情，干事创业是关键的事情，教子成才是长远的事情，身体健康是基本的事情。

☆ 读书记不住内容，不可怕，反复读就记住了；道理吃不透不可怕，细心琢磨也就把握了。

☆ 读书求学，关键在于有疑必解，虚心求教；做人处事，关键在于求真务实，坚持不懈。

☆ 认真地读书，不断地实践，反复地总结，才能使自己趋于完美，使事业接近理想，使价值得以实现。

☆ 人生要勤于思考：学习书本要善于消化，在实践中要敢于创新。

☆ 读万卷书，是为了学习已有知识；行万里路，是为了探索新的知识。

☆ 读书的目的无非是：升华自己的精神境界，提高自己的工作能力，改善自己的生活方式，实现自己的人生价值。

☆ 不读书，没有知识，人等于废人；只读书，不会应用，书等于废纸。

☆ 最大的兴趣是读书，最大的爱好是思考，最大的特长是沟通。

☆ 退休时最能体会出读书的乐趣；聊天时最能表现出读书的收获；处事时最能发挥读书的力量。

☆ 爱书是人生最大的聪明，读书是人生最大的快乐，写书是人生最大的贡献。

☆ 读书为正己心，写书为正人心。以正己心为荣，以正人心为己任。

☆ 读书要选好书，多读知识丰富思想深刻的书；多读能提高觉悟净化心灵的书；多读提高能力立身做人的书。

☆ 读书可以获得知识，思考可以鉴别是非；应用才能升华提高，创造才能增加智慧。

☆ 读书使人充实，思考使人深刻，实践使人升华。

☆ 读书不是为了消遣，而是为了提高才干；不是为了装饰，而是为了升华境界；不是为了炫耀，而是为了应用。

☆ 爱书是一种十分美好的品德，读书是一种十分美好的享受，用书是一种十分美好的能力。

☆ 读书可以使一个人开阔眼界，讨论可以使一个人头脑敏捷，写作可以使一个人善于综合，演讲可以使一个人表达透彻。

☆ 不读书的人不可能有什么真正的教养，也不可能有什么鉴别力，更不可能干成什么大事。

☆ 好书犹如挚友，阅读好像对话，有叙不完的情，有回不尽的味。你痛苦的时候，他能使你开心；你迷惑的时候，他能使你心亮；

你烦恼的时候，它能使你快乐；你劳累的时候，它能使你轻松；你懦弱的时候，他能给你壮胆。

☆ 书是室中之宝，寂寞的时候，书是我知心的朋友；生病的时候，书是我滋补的良药；工作的时候，书是我最好的指南；写作的时候，书是我高明的导师。

☆ 书是科学的成果，但创造科学不是书的成果；书可以帮助你思考，但不能代替你的思想。

☆ 好书是青年人的良师，是中年人的益友，是老年人的伴侣。所以说青年时代读书，求知识；中年时教书，育人才；老年时写书，传经验。

☆ 知识是科学的空气，是真理的来源，是创业的基础，是做人的准则。

☆ 书可以使人理想更远大，知识更丰富，生活更乐观，道德更高尚，身体更健康。

☆ 书是过河的桥梁，是渡海的船舶，是前进的明灯。

☆ 既要读有字之书，增长知识；又要读无字之书，参加实践。

☆ 书籍是伟大的力量，没有书籍，生活就会变得空虚，品位也可能变得庸俗。

☆ 好书是智慧的钥匙，坏书是道德的镣铐。

☆ 学校应成为先进生产力的研究基地，先进文化的传播基地，优秀人才的培养基地。

☆ 国家发展，教育为本。政治上教育通向民主法治，经济上教育推动改革创新，思想上教育升华道德境界。

☆ 教育怪现象：义务教育不普及，职业教育手不巧，高等教育大锅炒。

☆ 抓好了教育，国家就有了前途；带好了青年，社会就有了未来。

☆ 自我教育是接受教育的前提，接受教育必须从自我教育开始。

☆ 先教育自己再教育别人；先净化自己再感化他人。

☆ 植物需要栽培才能成活，青年需要教育才能成才。

☆ 教育的秘诀在于尊重学生人格，教育的目的在于培养优良品德，教育的方法在于以身作则，教育的作用在于富民强国。

☆ 教育应当发挥孩子们的主动性，不应当把孩子当成学习的机器；应当使孩子们学会创造，不应当成为应考的书呆子；应当品学兼优，不应当只是学习的尖子。

☆ 教育不仅要重视历史，更要面对现实；不仅要教他们知识，更要教他们做人做事。

☆ 家庭是孩子的第一所学校，父母是孩子的第一任老师。

☆ 一个好父亲胜过十个好校长，一个好母亲胜过一百个好老师。

☆ 教育的目的不在于把人培养成能操作机器的劳动力，而在于把人培养成能制造更先进机器的发明者。

☆ 一切有益于祖国的事业中，教育是第一位的，一切有益于人类的事业中，育人是第一位的。

☆ 要想教育学生克服自己的弱点，首先要敢于与自己的弱点做斗争；要想把学生培养成本行业的拔尖人才，自己首先应是本行业的行家里手。

☆ 离开教育，人将一事无成；离开创造，教育将一事无成。

☆ 教育是最根本的国防，国防必须强化教育。

☆ 你不能教育别人，只能帮助他自觉求知；你不能改造别人，只能帮助他自觉提高觉悟；你不能强制别人，只能帮助他自觉遵纪守法。

☆ 教育第一是要有好学校，第二是要有好校长，第三要有好教师，第四要有好学生，第五要有好方法。

☆ 学生要有三个头脑：一是天生的头脑，要灵活一点；二是学习的头脑，要执着一点；三是实践的头脑，要勤奋一点。

☆ 教育是功在当代、业在千秋的事业，青年人的成才取决于教育，人的命运决定于教育，国家的兴衰系于教育，国防的强大得益于教育。

☆ 完善的教育应当使人智力发达、身体健康、美育发展、品德高尚。

☆ 实践证明，教育不仅是科学的事业，而且是艺术的事业，更重要的是育人的事业。

☆ 大学里培养了四种人：一是人才，二是庸才，三是蠢才，四是歪才。

☆ 培养人，最根本的是培养他对前途的希望，对知识的兴趣，对人民的热爱，对工作的责任，对自己的严格。

☆ 育树培其根，育德培其心，育才培其能。

☆ 老师是知识的传授人，道德的引路人，生活的启迪人。

☆ 老师不仅要传授真理，更重要的是教育学生如何对待真理，如何
应用真理，如何发展真理，如何捍卫真理，为真理而奋斗终身。

☆ 教育的目的在于教育学生如何思考，如何增进学生的心智，如何
做一个合格的人。

☆ 要想教育人，自己首先要受教育；要想交朋友，自己首先要够朋
友；要想领导人，自己首先要接受领导。

☆ 用美味食品来疼爱子女会损害他们的健康；用姑息迁就来疼爱子
女会败坏他们的道德；用金钱享受疼爱子女会消磨他们的斗志。

☆ 教育不好会给子女埋下无知的种子，要求不严会给子女埋下放纵
的种子，早早给子女太多的享受会给子女留下安逸的种子。

☆ 教育者传授给他人的不仅是知识，还有行为规范；不仅是学习方
法，还有生活方式。

☆ 可以运用于实践的知识才是真正的知识。

☆ 讲清道理是教育孩子的根本方法，以身作则孩子们才会心
服口服。

☆ 能逼出你潜能的人，就是高明的老师；能发挥自己潜能的人，就
是聪明的学生。

☆ 贫富悬殊，是社会灾难的物质基础；教育失误，是社会倒退的思
想根源。

☆ 最好的教育是留给子女的最好财富；最佳的品德是留给子女的最好礼物。

☆ 儿子本无才，老子逼着来，卷子交上去，蛋子生下来。

☆ 父母是孩子最好的老师，父母的人格魅力在孩子身上能够表现出来，父母的知识在孩子身上能够体现出来。父母上进孩子才能进步，孩子进步靠父母的追求带动。

☆ 父母不应是凌驾于孩子之上的长辈，而应该是孩子的良师益友。孩子最不愿听到的是父母的命令，最不愿看到的是父母的冷眼。

☆ 没有教不好的孩子，只有不会教的父母，教子成功都是父母有德有知、教育有方的结果。

☆ 学生不能是读书的机器，而要成为学习的主人；家长不能是学生的监工，而要成为学生的良师益友；老师不能是学习的裁判，而要成为学生的榜样；学校不能是埋没人才的场所，而要成为培养人才的摇篮。

☆ 没有良好的教育不可能有丰富的知识，没有丰富的知识不可能有高尚的品德，没有高尚的品德不可能有可敬的人格。

☆ 教育别人，知识要比别人更多一些；管理别人，能力要比别人更强一些；感化别人，德行要比别人更好一些。

☆ 历史的奇迹鼓舞人，当代的借鉴教育人。

　　生命是短暂的，事业是长久的。个人是一滴水，群众是大海。任何伟大的事业都不是个人的马拉松，而是薪火相传的接力棒；任何伟大的成果都不是个人的功劳，而是众人智慧的结晶；任何伟大人物的思想都不是个人的聪明，而是群众智慧的代表。因而任何事不仅要看当前效益，还要看历史效益；不仅要看经济效益，还要看文化效益；不仅要看创造了多少产品，还要看培养了多少人才，使现在的事业成为过去事业的继承，未来事业的基础。

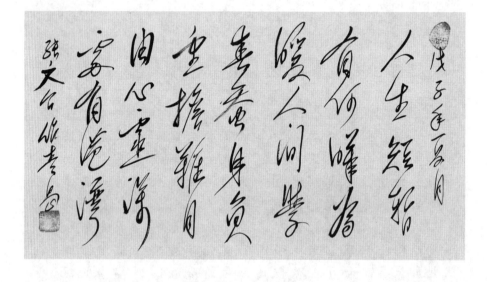

☆ 丰富的知识是创新的灯塔，实践的经验是创新的基础，敏锐的大脑是创新的关键。

☆ 创造是人的天性，因为困难在创造中才能克服，事业在创造中才能成功，生活在创造中才能丰富。

☆ 在世界上，没有一个创新开始时不被误解，也没有一个创新成功后不被敬仰。

☆ 征服困难的精神是在逆境中培养的，卓越的成绩是在战斗中取得的，伟大的天才也是在艰难困苦中出现的。

☆ 只要我们有毅力，讲科学，有能力，天下就没有找不到的真理，没有战胜不了的困难，没有逃不出的逆境，没有战胜不了的敌人。

☆ 对工作的热爱，不是看你多么疲劳，而是看你多么欢乐。

☆ 春天不播种，夏天无花开，秋天无果实，冬天无享受。

☆ 过去的成绩挂嘴边，昂首阔步，其实在天天倒退；未来的目标记心头，低头慢行，其实在稳步前进。

☆ 人要有所建树，就要不断进步。

☆ 凡事要三思而后行，因为思想在先行为在后。想不到怎么能做得到？想不好怎么能做得好？想不远怎么能走得远？

☆ 面对现实，才能超越现实；正视问题，才能解决问题。

☆ 失眠的人知夜长，奋斗的人知路长。

☆ 学贵精，思贵深，干贵实，法贵严，廉贵长，人贵和，身贵正。

☆ 学习要用心，做事要恒心。

☆ 胜利是暂时的，经验是长存的；容貌是短暂的，人格是永远的。

☆ 学习知识其乐无穷，艰苦创业其乐无穷，体育锻炼其乐无穷，奉献大众其乐无穷。

☆ 伟大的真正含义是对国家贡献大，为人民造福大，改变世界才干大，体恤众生胸怀大，万古流芳影响大。

☆ 创业者五湖四海可安家，奉献者人民群众皆亲人。

☆ 把工作当成乐趣的人，到哪里都能创大业；把奉献当乐趣的人，到哪里都会受欢迎。

☆ 在顺境中成长起来的人，往往不堪一击，遇到一点困难就彻夜难眠；在逆境中成长起来的人，往往百折不挠，纵有千难万险他也能克服。

☆ 我们应当看到成就，有自豪感；也要看到差距，有危机感。

☆ 头脑笨一些，勤奋可以弥补；经验少一些，实践可以弥补。

☆ 想了再做代价低，效果好；做了再想代价高，效果差。

☆ 任何人都难免犯错误，也难免有缺点，关键是如何对待：应该是刻骨铭心，而不应该不以为然；应当认真总结，而不应该敷衍了事；应该作为财富，而不应该变成包袱。

☆ 犯了错误要认真找出原因，采取切实可行的解决办法，制定严格的措施，防止再犯错误，重蹈覆辙。

☆ 善用脑者慧，善用手者巧，善用人者能，善用谋者强。

☆ 求知永远不满足，思想永远不守旧，工作永远不松劲，生活永远不奢侈，标准永远不降低。

☆ 坚定的目标，钢铁的意志，火热的心肠，科学的方法。

☆ 青年人要想成才，一是要努力地学习，二是要积极地工作，三是要严格地修养。

☆ 不忘过去是吾师，立足现实是基础，胸怀未来是理想。

☆ 工作不仅是谋生的手段，也是生活的目的。因为人生的理想只有通过工作才能实现，人生的价值只有通过工作才能体现，人生的快乐只有通过工作才能享受，人生的幸福只有通过工作才能获得，人生的境界只有通过工作才能升华。

☆ 把工作当成乐趣，人生才是天堂；把工作当成负担，人生就是地狱。

☆ 聪明的人创造机会，敏锐的人发现机会，迟钝的人等待机会，犹豫的人错过机会。

☆ 实践既可以展示和运用能力，也可以培养和发展能力。

☆ 干事业，一靠机遇需要，二靠自己努力，三靠朋友支持，四靠组织领导。

☆ 一个人没有上进的决心和勇气就不会通情达理；说话不讲信用，做事就不会扎实有效。

☆ 苦难给人毅力，实践给人经验，读书给人知识，团结给人力量。

☆ 思考是认识世界的钥匙，实干是创造世界的基础。

☆ 选择职业固然重要，但爱岗敬业成为行家更为重要。

☆ 要为大事冲刺，不为小事停步；要为百姓谋利，不为个人谋私。

☆ 人的一生中凡是吃苦多、压力大、挫折重的时候，就是进步最快的时候；凡是生活轻松、压力小、顺利的时候，就进步最慢的时候。压力、动力与能力是成正比的。

☆ 知识立身，勇敢立功，善良立德，创新立言。

☆ 出色的工作都是在逆境中争取出来的，杰出的人才也是在困难中锻炼出来的。

☆ 只有坚持才能达到目的，只有博学才能明辨是非，只有创造才能做出贡献。

☆ 青年的职位是设计师，能画出最美的图画；中年的职位是建筑师，能创造最好的作品；老年的职位是评议师，能看出作品的问题。

☆ 任何伟大的事业都不是个人的马拉松，而是薪火相传的接力赛；任何伟大的成果都不是个人的功劳，而是众人智慧的结晶。

☆ 一个人生活穷一点才想做大事，空间多一点才去想大事，财富少一点才去谋大事，知识多一点才能干成大事。

☆ 人贵自立，勿依赖人；人贵自强，勿强求人。

事业观

☆ 聪明从经验来，经验从实践来。

☆ 看准了的要敢于冒险，否则可能会有更大的风险。

☆ 成大事者必然是吃别人不愿吃的，干别人不愿干的，学别人不愿学的，容别人不愿容的，忍别人不愿忍的。

☆ 任何事业都是艰难的，任何成功都是牺牲换来的。所以怕苦怕死的人永远不能成就高超的人格，也永远干不成名垂千古的伟业。

☆ 先穿衣吃饭，再治学论理；先律己做人，再做事创业。

☆ 没有伟大的人格，就没有伟大的人物；没有坚强的毅力，就没有宏伟的事业。

☆ 干成大事的人，从来不计较小事；计较小事的人，从来干不成大事。

☆ 事业始于深思熟虑，成于求真务实，失于骄傲自满。

☆ 没有人才事业就没有希望，不干事业人才也没有希望。

☆ 事业重于泰山，浮名轻于鸿毛。

☆ 生命是短暂的，事业才是长久的。

☆ 任何荣誉都是脆弱的花朵，只有事业才是肥沃的土地。

☆ 要有所成就，就要独立思考，而不人云亦云；要坚持不懈，而不犹豫动摇；要言行一致，而不表里不一。

☆ 未发生的事情能够警惕预防，眼前的事情能够及时解决，已发生的事情能够竭力挽回。

☆ 想天下之大事，干天下之大业，成天下之大才，为天下之大众。

☆ 自己发展也要让别人成功，损人利己的成功其实是失败。

☆ 把全部心思用在治学上，任何深奥的哲理都可以透彻地把握，把昂扬的斗志用在创业上，任何困难的事情都可以圆满完成。

☆ 庸人丢掉机会，弱者等待机会，能人抓住机会，伟人创造机会。

☆ 觉悟更高一些，知识更多一些，能力更强一些，作风更硬一些，纪律更严一些，团结更紧一些，贡献更大一些。

☆ 立大志，求大智，成大才，干大事。

☆ 文凭是铁饭碗，会生锈；关系是泥饭碗，会打破；本事是金饭碗，永远会发光。

☆ 不怕他人不知，怕自己无成；不怕我之不用，怕自己无能。

☆ 使命是我们的根本，英雄是我们的本色，崇高是我们的追求。

☆ 干成任何大事情：一是决心，二是恒心，三是耐心，四是信心。

☆ 一个聪明的人总是会抓住机遇，一个愚蠢的人总是埋怨自己没有机遇。

☆ 要达到你的目的，就要谦虚地向人家请教，就要坚忍不拔地去努力，就要准备好经受各种困难的考验。

☆ 一个人是否有智慧要看他的钻劲与巧劲，一个人能否干成事业要看他的干劲和拼劲。

☆ 众人拾柴火焰高，一人办事难奏效。

☆ 人生不能浪费自己的生命，等待机会不如创造机会。

☆ 一个肯干的青年人，没有什么能打垮他；要成就大业，就要珍惜青春。

☆ 先思而后行者胜，先行而后思者败。

☆ 具有合作精神的人才能生存，具有创造精神的人才能发展。

☆ 世界上许多有所作为的人，不一定比你专长，而一定比你勇敢；不一定比你聪明，但一定比你坚忍。

☆ 世上万事开头难，坚持到底会更难。

☆ 适当发挥自己长处，可使长处更长；坚持克服自己的短处，短处也可能变成长处。

☆ 想大事，干实事，做好事，别坏事。

☆ 想干事，敢干事，会干事，干成事，不误事。

☆ 想事包袱大，谋事智慧大，干事决心大，勤事成就大。

☆ 有所为，有所不为，才能有所作为；有所得，有所失，才能有所
收获。

☆ 穷则思变，安而思危。

☆ 深刻认识自己奴隶地位的人，是人才；努力改变自己奴隶地位的
人，是干才；安于自己奴隶地位的人，是庸才；维护自己奴隶地
位的人，是奴才。

☆ 要想聪明就要用功，要想健康就要锻炼，要想富有就要劳动。

☆ 不结果子的树是不会有人摇的，没有才能的人是不会有人要的。

☆ 你惧怕困难，困难就会挡住你前进的道路；你逃避生活，生活就
会把你压垮。

☆ 努力超越不停步，追求卓越创辉煌。

☆ 忠于目标是成功的秘诀，实现目标是成功的动力。

☆ 成功在于你为获得成功所做出的积极努力，而不在于你事先就衡
量这种成功的价值。

☆ 停留在自己成功的事业上是自满；在成功的基础上继续奋斗是谦虚。

☆ 成功往往是错误的积累，而错误又往往是成功的先导。

☆ 有志者立志长，坚韧不拔，受用一生；无志者常立志，朝立夕改，百无一用。

☆ 收获来自耕耘，成功须你努力，付出才能获得，贡献才受尊敬。

☆ 宝从地而生，德从善而积，才从勤而出。

☆ 连自己都不了解的人，说要了解别人，那是谎言；连小事都不想干的人，说要干成伟业，那是吹牛。

☆ 学习吊儿郎当，不会有知识；工作懒懒散散，不会有成绩；对人滑头滑脑，不会有朋友。

☆ 不要怕犯错误，因为当你改过后，这就是经验；也不要怕艰苦，因为当你挺过来时，这就是财富。

☆ 想长远，干当前，每天24小时对谁都是一样的，但产生的效果却大不一样。

☆ 要走平坦路，先有平常心；要干大事业，先做眼前活。

☆ 最伟大的事业需要最伟大的毅力，而最伟大的毅力又来源于最伟大的事业。

☆ 不要后悔过去，因为教训也是财富；不要苛求未来，因为现在就是希望。

☆ 战胜困难才能有所作为，战胜自己才能获得自由。

☆ 做事不松劲，成功有希望；做事不使劲，成功永无望。

☆ 实践是创作的源泉，灵感是创作的动力，境界是创作的灵魂。

☆ 给后人留下点物质财富造就幸福；给人类留下点精神财富创造动力。

☆ 把每一件平凡的事做好，就不平凡；把每一件简单的事做好，就不简单。

☆ 手中一只鸟，胜过空中一群鸟；干好一件事，胜过空谈一堆事。

☆ 顺利不一定是好事，因为可能使人骄傲；困难不一定是坏事，因为可以激励斗志。

☆ 事业上的挫折，应当是成功的财富；朋友的过错，应当是大家的借鉴。

☆ 我脚步很小，但我拥有脚下的土地；我能力不高，但我会尽最大的努力。

☆ 世上没有解不开的心结，天下没有克服不了的困难。

☆ 追求完美会痛苦，没有追求会更痛苦。

☆ 时间总在流逝，烦恼总会过去；机会还会再来，辉煌还会创造。

☆ 顺利时要谦虚谨慎，勿狂妄自大；困难时勿悲观失望，要勇敢面对。

☆ 在竞争的生活中，放下得失，才会敢于竞争；讲究方法，才能争取胜利。

☆ 为了表扬而做事，动力是一时的；为了奉献而做事，动力才是长久的。

☆ 成才有四个支柱：勤奋学习有知识，努力工作有成绩，严格要求有觉悟，顽强锻炼有体魄。

☆ 参与社会是胆量，学习社会是知识，驾驭社会是本事，改造社会是政绩。

☆ 志不立则意不坚，意不坚则事不成。

☆ 尽多少本分，就长多少本事；付出多少劳动，就有多少收获。

☆ 成才不自在，自在不成才；成功不怕难，怕难不成功。

☆ 要想让别人看得起你，自己先要站得起来；要想获得成功，自己先要干起来。

☆ 面对现实，逆境也会变成顺境，机会自然来临；逃避现实，虽能暂时偷安，但永无翻身之日。

☆ 在学习中提高素质，在困难中磨练意志，在顺境中检验品格，在奉献中升华觉悟，在委屈中开拓胸襟，在荣誉中升华境界。

☆ 要把过去当成自己记忆的缩影，要把现在作为自己奋斗的舞台，要把未来作为自己奋斗的目标。

☆ 做事不怕不成，就怕无恒；为人不怕不聪，就怕不诚。

☆ 没有追求的人无所作为；过分执拗的人烦恼不断。

☆ 人忙脑不忙，是瞎忙；脑忙人不忙，是空忙，人忙脑也忙，才能忙出成果来，忙出智慧来。

☆ 容纳异己才能成就自己的品德；克服困难才能成就自己的事业。

☆ 干大事应处乱境而不慌，处逆境而不悲，处顺境而不逸。

☆ 要追求真理，而不被邪恶所迷惑；要解放思想，而不固守偏见。

☆ 弱者集中力量办一件事，亦有所成；强者分心太多事，会一无所获。

☆ 一生干一件事的人是专家，什么事都干的人是领导。往往是外行领导内行，内行被外行领导。

☆ 深思熟虑，培养自己镇定的性格，才能担当大事；坚韧不拔，培养自己坚强的毅力，才能干成大事。

☆ 诚信是成功的伙伴，失信是失败的根源。

☆ 成功的奥秘在于抓住机遇，失败的原因多是坐失良机。

☆ 把一滴水投入大海，就不再是一滴水了；将生命投到事业上去，就不再孤独了。

☆ 求神不如求人，求人不如求己，求己不如求学。

☆ 弱者丧失机会，往往一事无成；强者创造机会，往往所向无敌。

☆ 人有五种能力是千金难买的：一是刻苦的治学能力；二是深入的思考能力；三是敏锐的观察能力；四是精干的办事能力；五是高超的领导能力。

☆ 努力工作的人遇到困难再多也总是有希望的；懒汉即使没有什么困难也永远没有希望。

☆ 个人愿望与社会需要相结合才能实现，个人能力与工作结合才能得到发挥，个人作用融入群众之中才有成就，学历变成能力才是真才实学。

☆ 青年是发明创造期，中年是升华发展期，老年是收获总结期。

☆ 乐观的人，蓬勃的朝气不因年龄增长而消失，前进的劲头不因年龄增长而衰退，探索的好奇心不因年龄增长而减弱，自律的品质不因年龄的增长而放松。

☆ 正当竞争能激发智慧，推动创新，创造幸福。

☆ 竞争是个大学校，可以使坚强的人更坚强，使懦弱的人不再懦弱；也可以使聪明的人更智慧，使愚蠢的人变聪明。

☆ 敢于竞争的人喜欢对手，怯于竞争的人害怕对手。

☆ 没有竞争企业就没有活力，个人就没有动力，军队就没有战斗力。

☆ 竞争是个大战场，一个人的智力在竞争中发挥，能力在竞争中发展，人格在竞争中升华，成就在竞争中创造，经验在竞争中成熟。

☆ 要在竞争中不被淘汰，就要有丰富的知识，聪明的头脑，内在的动力，科学的方法，坚忍的精神，优秀的人格。

☆ 在这个竞争的世界上，没有童话幻想的美好，没有多愁善感的余地，没有侥幸取胜的可能，只有靠知识武装，靠拼搏争取，靠能力取胜。

☆ 世界上所有的天才，下的功夫都比别人多；世界上所有的英雄，付出的牺牲都比别人多。

☆ 没有伟大的毅力，不可能产生伟大的人物，干成伟大的事业，创造伟大的时代。

☆ 天才加勤奋、科学加创新才能干成大事。

☆ 勤奋可以使天才发挥作用，勤奋也可以弥补才能的不足。

☆ 天才与美女一样会光芒四射，引人注目，但同样也会惹人妒嫉，遭人诽谤。

☆ 轻易做到别人无能为力的事，这是天才；努力做到别人做不到的事，这是人才。

☆ 再锋利的刀剑也需常常磨砺，再伟大的天才也要不断努力。

☆ 不奋斗的天才会变成常人，奋斗的常人也会成为天才。

☆ 天才应具备超人的自信力，敏锐的观察力，科学的判断力，刻苦的奋斗力，坚强的忍耐力，勇敢的创造力，高尚的奉献力。

☆ 天才必须具备非常的时势，非常的智慧，非常的精力，非常的能力，非常的创造。

☆ 天才：一是有勤奋的钻研能力；二是有敏锐的观察能力；三是有高超的试验能力；四是有科学的综合能力。

☆ 庸才丧失机遇，干才抓住机遇，天才创造机遇。

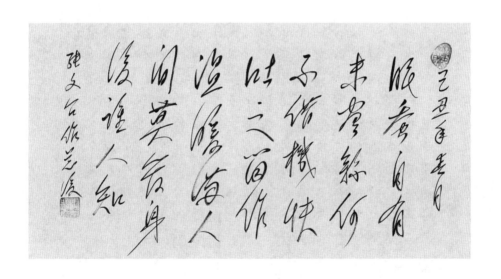

任何人的职位都是人民给的，应该利用这个平台好好为社会服务，而不应该成为个人享受的特权。坚持实事求是的思想路线，力戒主观主义；坚持执政为民的根本宗旨，力戒个人主义；坚持与时俱进的精神状态，力戒经验主义；坚持艰苦奋斗的工作作风，力戒享乐主义；坚持辩证思维的科学方法，力戒教条主义。经常地反省自己，严格地改造思想，做到：学习上防松动，信念上防动摇，思想上防浮躁，作风上防浮夸，生活上防腐化，永葆青春。

☆ 加强思想政治工作是我们的传统优势，是做好一切工作的力量源泉。因而，做好政治思想工作是领导者的神圣使命，加强思想政治工作也是国家兴旺和谐的保证。

☆ 改革有一条规律：突破在地方，规范在中央，成功在群众。

☆ 社会公平包括权利公平、机会公平、规则公平、分配公平。

☆ 改革从来不是一帆风顺的，越是艰难越要改革；多数人的赞成，往往是在改革取得成果之后。

☆ 自由要建立在道德的基础之上，在法律的范围之内，道德和法律之外没有自由。

☆ 公民有参加制定法律的权利，也有遵守法律的义务，还有维护法律的责任。

☆ 法律要代表多数人的利益，否则就无法执行；要靠多数人来维护，否则就无法生效。

☆ 民主是自由的灵魂，法律是自由的保障。

☆ 钱财不足国家贫困，人才不足国家衰退。

☆ 对大众来说唯一的权利是法律，对个人来说唯一的权利是良心。

☆ 立法要全面，学法要深入，执法要严格，守法要自觉。

☆ 要警惕市场经济条件下的"七大污染"：一是诚信污染，以假乱真；二是权力污染，以权谋私；三是环境污染，生存艰难；四是教育污染，收费混乱；五是医疗污染，看病昂贵；六是文艺污染，见钱忘义；七是广告污染，为假作伥。

☆ 人生需求"六大安全"：一是空气安全；二是用水安全；三是食品安全；四是生产安全；五是交通安全；六是医疗安全。

☆ 科学发展应当：经济发展与社会进步相协调，提高效率同社会公平相协调，眼前利益与长远利益相协调，局部利益与全局利益相协调，经济发展与社会发展相协调，为国奉献与自我价值相协调。

☆ 政治上坚定，道德上纯洁，经济上开放，民主上扩大，纪律上严格，法规上健全。

☆ 经济发展与社会发展要协调，与法制健全要协调，与国防建设要协调，与环境保护要协调，与社会和谐要协调。

☆ 一个民族的灭亡，首先是文化上的退化；一个民族的发展，也根源于共同的追求。

☆ 维护社会和谐的两种力量：一是法律的约束力，二是道德的感召力。

☆ 加强世界观改造：一靠自我修养，自觉慎独；二靠实践锻炼，不断总结；三靠领导教育，加强引导；四靠群众监督，接受批评。

☆ 表扬个人为激励多数，要在大庭广众之下；批评人为帮助少数，要私下促膝谈心。

☆ 没有海纳百川的胸怀，算不上好领导；没有勇敢战斗的精神，算不上真英雄。

☆ 不要忘记组织的培养和群众的帮助；不要忘记改正自己的缺点和毛病。

☆ 凡成大事者，必须知众人之心，集众人之智，用众人之力，为大众谋利。

☆ 处理事情，感情要蕴藏在理智之中，要按原则办事；与人相处，感情要放在理智之上，要以情谊为重。

☆ 要向前看，看本质；不要向后看，看现象。

☆ 上不失天时，顺应自然；下不失地利，遵循规律；中不失人和，尊重人才。

☆ 没有眼光的人只能见人所见，有眼光的人却能见人未见。

☆ 做领导，使人怕不如使人爱，使人爱不如使人敬，使人敬不如使人学。

☆ 信念任何时候都不能动摇；是非任何时候都不能颠倒；学习任何时候都不能教条；作风任何时候都不能浮躁；人格任何时候都不能丢掉。

☆ 助人为乐，忧人所忧，急人所急；以人民之利为利，以人民之害为害；把人民的利益放在首位，把自己的利益放在最后。

☆ 改过不但有利于提高自己的威信，也有利于净化自己的灵魂。

☆ 社会的先进者，都是在服务中升华境界，在和谐中凝聚力量，在民众中采集智慧，在创新中谋求发展，在平凡中创造政绩，在廉洁中塑造形象。

☆ 抓基层应做到"五防"：思想上防止运动式，要常抓不懈；领导上防止保媒式，帮助不包办；在作风上防止游览式，要一抓到底；落实上防止空把式，要排忧解难；在教育上防止填鸭式，要启发诱导。

☆ 领导干部要严防"五子登科"：讲话用稿子，敷衍塞责；吃喝碰杯子，律己不严；升迁找门子，投机钻营；只顾一家子，以权谋私；待遇争票子，见利忘义。

☆ 领导成员应做到：一是运筹决策，敢断不武断；二是履行职责，有权不专权；三是紧密配合，补台不拆台；四是平等议事，敢说不乱说；五是各尽其职，分工不分家；六是互相信任，放手不撒手；七是坚持原则，大度不失度；八是讲究风格，出力不出名；九是尊重规律，敢干不蛮干。

☆ 团队建设应做到"八不"：一是在决策上平等商量，做到敢断不武断；二是在思想上一心为公，做到谋事不谋人；三是在职位上履行职责，做到有权不专权；四是在工作上周密协调，做到分工不分家；五是在作风上注重效益，做到抓大不夸大；六是在品德上先人后己，做到建功不争功；七是在方法上遵循规律，做到敢干不蛮干；八是在指挥上符合实际，做到统揽不包揽。

☆ 团队建设上做到"八要"：一要牢固树立"为官一任，振兴一方"的思想；二要大力弘扬"艰苦奋斗，无私奉献"的思想；三要着力培养"豁达大度，同舟共济"的思想；四要切实养成"严谨细致，真抓实干"风气；五要自觉加强"清正廉洁，公道正派"的作风；六要努力养成"勤奋学习，善于总结"的习惯；七要不断提高"与日俱进，改革创新"的能力；八要不断造就"严以律己，遵纪守法"的品质。

☆ 领导方法要做到"八点"：一是领导工作要贴近中心点；二是汇报情况要余地多一点；三是课堂教育要找准共鸣点；四是谈话交心要选准切入点；五是宣传鼓动要拨动兴奋点；六是开展批评要触及敏感点；七是个人发言要找准定位点；八是自我要求要严格点。

☆ 领导修养要做到"五别"：工作别摆架子，生活别争面子，学习别半瓶子，升迁别找门子，讲话别念稿子。

☆ 思想修养上要"七防"：思想上防变，经济上防贪，工作上防懒，学习上防浅，生活上防奢，交友上防乱，纪律上防松。

☆ 革命者先革心，革心者先交心，交心者先守信。

☆ 责任在肩多忘我，义务在身多为公。

☆ 谋事要有积极的态度，处事要有大方的气度，办事要有翩翩的风度，成事要有适当的力度。

☆ 机遇是创业的起点，智慧是创业的基点，胆识是创业的支点，毅力是创业的亮点。

☆ 对同事要宽容，对朋友要诚信，对工作要坚忍，对事业要务实，对名利要淡化，对自己要严格。

☆ 决策时不专权，善于集思广益；落实时不揽权，努力各尽其职。

☆ 团队团结最重要：在迷惘的时候出智慧，在困难的时候出力量，在战斗的时候出胜利，在艰险的时候出英雄，在工作中出典型，在实践中出干部。

☆ 谋利益为人民、为国家、为长远、为全局，是公心；为自己、为亲朋、为眼前、为局部，是私心。

☆ 别人的赞扬，对你是鼓励；别人的意见，对你是鞭策；别人的批评，对你是动力；别人的监督，对你是关怀。

☆ 既要干好今天的事，也要知道明天干什么事，干当前，想长远。

☆ 群众团体要做到：组织健全，制度完善，活动经常，角色到位，管理规范，发挥作用。

☆ 机关人员在决策当中发挥参谋作用，多出好主意；落实当中发挥能手作用，多干实事；总结当中发挥智慧作用，多出好经验；生活当中发挥带头作用，多作表率。

☆ 对上级谦虚不是奉承，而是本分；对同级谦虚不是谦让，而是和善；对下级谦虚不是俯就，而是本色；对自己谦虚不是虚伪，而是品格。

☆ 利益是最高的外交原则，坦率是最好的外交手腕。

☆ 和谐要做到从依法治民向依法治官转变，从组织管理向群众监督转变，从被动管理向自我约束转变。

☆ 唯一的方法是集中群众的智慧，唯一的希望是坚定自己的信心，唯一的途径是坚持不懈创新。

☆ 实践是增加本领的学校，群众是自己最好的老师，挫折是迈向真理的教材，反省是升华境界的途径。

☆ 要正视而不回避，服从而不盲从，坚强而不固执，谦虚而不虚伪，大度而不失度，敢干而不盲干。

☆ 阿附你的人不是傻瓜蛋，就是野心家；屈从你的人，不是讨你好，就是谋私利。

☆ 团结能够战胜一切，内讧往往被征服。

☆ 牢记过去的经验教训才能真正成熟起来；着眼现实的重大问题才能真正有所作为；而面对未来的目标，才能活得真正有意义。

☆ 当领导几十人的时候，应该走在前面，起带头作用；当领导几百人的时候，应该走在中间，起核心作用；当领导几千人的时候，应该走在后面，起督促作用。

☆ 一个人听赞扬吹捧太多，头脑就会发昏；奖章戴得太多，步伐就会沉重。

☆ 一个人工作上感到吃力的时候，就是需要充电的时候；群众意见大的时候，就是需要反省改进的时候；任务压力最大的时候，就是进步最快的时候。

☆ 受到批评时，要先问自己是否有问题，有则改之，无则加勉；批评别人时先问自己是否正确，治病救人，真诚相见。

☆ 把赞扬变成对自己的鼓励，把批评变成对自己的鞭策，把是非变成对自己的考验。

☆ 敢于承担责任，敢于承认错误，敢于抵制歪风。

☆ 不要把自己看轻了，因为任何人都有无限的潜力；也不要把自己看重了，因为在历史的长河中任何人都微不足道。

☆ 平安首先靠心安，心安首先靠理正，理正首先靠探索。

☆ 做领导的要诀：一是用目标引导人，二是用奖励鼓舞人，三是用法规管理人，四是用实践培养人，五是用真情关心人，六是用知识教育人，七是身正率领人，八是批评帮助人。

☆ 人生不能只顾面子，不讲原则；讲实惠，不讲理想；讲索取，不讲奉献；讲个性，不讲共性；只讲现在，不讲将来。

☆ 廉洁才有敬佩，公平才有尊严，正直才有威信。

☆ 有的人，不坚持原则，对上级说恭维话，对同级讲客气话，对下级讲表扬话，对棘手问题讲含糊话。

☆ 现在不少领导讲成绩多，讲问题少；讲情面多，讲原则少；讲表扬多，讲批评少；讲人性多，讲党性少，讲实惠多，讲思想少。

☆ 对上要讲诚实，是什么说什么，不弄虚作假；对下要讲诚信，说话算数，不糊弄群众；对己要诚恳，不文过饰非。

☆ 干任何事情，都要方向明，信心足，毅力坚，方法对，勇气大。

☆ 善于合作有能力，巧于协调有智力，坚持进步有毅力。

☆ 对待别人要大度，不要计较；对待自己要严格，防止懈怠；对待上级要诚实，不能瞒报；对待部下要公正，不能偏心。

☆ 自我迷信的人，唯我独尊，认为没了自己地球就转不了；迷信别人的人，总认为自己一无是处，离开别人自己就生存不了。

☆ 在小是小非面前，退让一步、成全别人是道德高尚的表现；在大是大非面前，坚持原则、挽救别人同样是道德高尚的表现。

☆ 知识是立身之本，动力是立身之基，美德是修身之要。

☆ 无私者必有为，有志者事竟成。

☆ 在南征北战中，我找到了自己的使命；在东打西拼中，我找到了自己的力量；在上下求索中，我找到了自己的位置；在学习探索中，我找到了自己的智慧；在自我反省中，我找到了自己的差距。

☆ 有幸来到人世间，苦甜酸辣五味全，历经艰难为人民，笑对人生心里甜。

☆ 得时者事必兴，得人者事必成。

☆ 富不忘俭，安不忘危，贵不忘谦，兴不忘衰。

☆ 勤俭是持家之法宝，是治国之大道，是创业之利器，是修身之妙药。

☆ 勤俭节约拒腐防变要贯彻到市场，贯彻到官场，贯彻到战场。

☆ 为人民服务不空谈：平时能看出来，关键时候能站出来，生死关头能豁出来。

☆ 时间是胜利的条件，效益是胜利的生命，纪律是胜利的保障，科技是胜利的支撑，人民是胜利的靠山。

☆ 当领导难在哪里？学习任务，十分繁重；中心工作，压力很大；确保安全，如履薄冰；拒腐防变，不敢放松；以身作则，群众监督。

☆ 任何人干成大事必须对集体有感情，才能有号召力；对工作有热情，才能有向心力；对同志有真情，才能有凝聚力。

☆ 贫穷并不可怕，可怕的是没有志气；挫折并不可怕，可怕的是没有知识；困难并不可怕，可怕的是没有才干；衰老并不可怕，可怕的是没有作为；死亡并不可怕，可怕的是没有贡献。

☆ 责己多者业必兴；责人多者业必亡。

☆ 善治国者先治官，官治则纲举目张；不善治国者常治民，治民则劳而无功。

☆ 善治国者，一是不能让剑生锈，有备无患；二是不能让犁生锈，勤于生产；三不能让钱生锈，加强流通；四不能让刀生锈，巩固政权。

☆ 上级说你好是一时的，百姓说你好是永久的。因为上级只能管你的升迁。老百姓看重你的德才。

☆ 理财，以养民为先；正人，以正己为先；练兵，以练将为先；治民，以治官为先；治外，以治内为先。

☆ 说服教育工作要做到：思想性强，不能庸俗化；趣味性浓，不能枯燥无味；知识面广，不能凭经验办事。

☆ 领导干部要有"五个头脑"：一是要有政治头脑，善于把握方向；二是要有经济头脑，善于抓住中心；三是要有科学头脑，善于抓生产力；四是要有政策头脑，善于按规矩办事；五是要有法律头脑，善于依法治国。

☆ 学习对个人是第一位的需要，对工作是第一位的任务，对领导是第一位的责任。

☆ 领导干部的世界观先要解决为谁当官、为谁用权、为谁服务的问题。

☆ 领导干部要不断提高把握政治方向的能力，调查研究探索规律的能力，集思广益科学决策的能力，真抓实干解决问题的能力，善于总结勇于创新的能力，严于律己自我约束的能力。

☆ 领导就是服务，服务就要解决问题，要做到：真心服务不讲价钱，全力服务不讲条件，公正服务不讲亲疏，长期服务不搞时尚。

☆ 领导机关抓基层应下得去、蹲得住、看的准、帮得实，不解决问题不撒手。

☆ 领导干部抓工作应做到：着眼政治，不只看经济；着眼全局，不只看业务；着眼长远，不只看眼前。

☆ 观察问题讲政治，分析问题抓本质，解决问题讲成劲，总结经验抓规律。

☆ 有所作为的人，不当无所用心的"懒"虫，不当头脑昏昏的"糊涂"虫，不当死背教条的"机器人"，不当只顾自己的"吝啬鬼"。

☆ 工作既要埋头干出成绩，又要总结出经验，还要敢于创新求发展。

☆ 没有理论素养，没有实践经验，都不可能有大的作为。

☆ 应当客观地认识问题，辩证地分析问题，正确地解决问题。

☆ 领导干部应当把大道理讲实，老道理讲新，新道理讲明，小道理讲深，歪道理批透。

☆ 改革创新，就是要抓住新问题，研究新对策，打开新局面，总结新经验，谋求新发展。

☆ 领导干部应当做忠于理想献身事业的模范；做发奋学习开拓创新的模范；做廉洁自律保持气节的模范；做联系群众艰苦奋斗的模范；做依法治国团结和谐的模范。

☆ 端正领导思想要做到：不解决问题的决策不要做，不解决问题的会议不要开，不解决问题的活动不要搞，不解决问题的讲话不要讲，不解决问题的材料不要写，一切在解决问题上下功夫，看成效。

☆ 领导要靠真理吃饭，靠实事求是吃饭，靠科学领导吃饭，靠总结经验吃饭，靠以身作则吃饭。

☆ 靠关系吃饭，是个泥饭碗，随时可能打破；靠文凭吃饭，是个铁饭碗，随时可能生锈；靠本事吃饭，才是金饭碗，到什么地方都发光。

☆ 领导要公道，用人要公正，办事要公开，处事要公平。

☆ 领导要育才，首先要成才；领导尽责任，首先提高素质。

☆ 任何人都要刻苦学习，不断积累知识；努力改造思想，不断升华境界；自觉参加实践，不断增长才干。

☆ 要在认认真真学习上有新进步，在堂堂正正做人上有新追求，在兢兢业业工作上有新成就，在清清白白为官上有新形象，在扎扎实实育才上有新政绩，既要干一番事业，又要育一批人才。

☆ 把别人的智慧集中到自己身上本事就大了，把群众的觉悟集中到自己身上境界就高了。

☆ 知识是通过拼搏掌握的，政绩是通过拼搏创造的，自己的价值是通过拼搏实现的，个人的才能是通过拼搏展现的。

☆ 领导干部应做到"三个明白"：说能说明白，讲能讲出道理来；干能干明白，能干出政绩来；写能写明白，能总结出经验来。

☆ 保持公仆之心，常怀畏惧之心，办事出于公心。

☆ 慎重用权，正确用人，科学用钱。

☆ 经常想想自己的不是，经常想想别人的长处，经常想想组织的培养，经常想想群众的期望，经常想想自己的责任；保持旺盛的斗志，为人民掌好权，办好事。

☆ 加强思想修养：一是要扎深全心全意为人民服务的根子，清除形形色色的个人主义；二是扎深艰苦奋斗的根子，清除形形色色的享乐主义；三是要扎深求真务实的根子，清除形形色色的形式主义；四是扎深群众路线的根子，清除形形色色的官僚主义。

☆ 作为领导干部加强思想修养，一是要用好权力，不能以权谋私；二是要用好干部，不能任人唯亲；三是要搞好决策，不能主观武断；四是要做好榜样，不能光说不干。

☆ 对待批评应有博大胸怀，做到自我批评是觉悟，领导批评是爱护，同志批评是帮助，下级批评是监督。正确对待批评，批评就会带来动力。

☆ 开展批评要做到：一要坚持原则，不纠缠小事；二要摆事实讲道理，不就事论事；三要解决问题，不秋后算账；四是有问题摆到桌面上，不背后说长道短。

☆ 加强政治修养要严格防止：不重理想重实惠，不重艰苦图潇洒，不比贡献比得失，不靠组织靠关系，不琢磨工作琢磨人。

☆ 在市场经济条件下，领导干部应保持正确的生活态度、文明的生活方式、高尚的生活情趣、严格的生活作风，经受住各种诱惑。

☆ 加强道德修养应坚持"四个不间断"：一是加强理论学习不间断，二是时事政治学习不间断，三是道德规范学习不间断，四向英模学习不间断。

☆ 任何时候都要做到"四个无愧"：积极工作，无愧于组织重托；诚恳待人，无愧于同志的信任；尽职尽责，无愧于群众的期望；严以律己，无愧于自己的良心。

☆ 领导干部要做到"五防"：政治上防演变，不能丧失信念；思想上防腐化，不能贪图享受；经济上防贪占，不能以权谋私；工作上防松劲，不能混日子；生活上防特殊，不能脱离群众。

☆ 公平就是水平，合力就是能力，落实就是成绩。

☆ 常修为官之德，常怀律己之心，常去非分之念，常省自身之过。

☆ 任何人不怕有错误，就怕不正视错误；不怕有教训，就怕不接受教训；不怕有监督，就怕不接受监督。

☆ 领导干部要做到"四个普通"：一是和机关干部研究问题时，以普通干部的身份参加，谁说的对就按谁的办；二是下去调查研究时，要以普通公民的身份，当好老百姓的代言人；三是参加组织生活时以普通党员的身份，认真汇报思想；四是在人民大众中做一名普通群众，与大家同甘共苦。

☆ 冲向理想的蓝天，需要腾飞的翅膀；实践党的宗旨，需要过硬的素质。

☆ 干成大事必须有丰富的科学知识，坚定的理想信念，高尚的人品官德，精湛的领导艺术，深厚的同志情怀，扎实的工作作风，无私的奉献精神。

☆ 要正派做人，清廉为官，严谨治学，科学领导。

☆ 要有能干的愿望，要有会干的本事，要有干好的成效。

☆ 学习要用功，决策要用心，落实要用力。

☆ 重民智，顺民意，谋民利，得民心，才是执政为民的核心。

☆ 摸实情，不搞官僚主义；重实际，不搞主观主义；鼓实劲，不搞形式主义；求实效，不搞功利主义。

☆ 有权而不欺民，有利而不谋私，有功而不骄傲，有名而不自满。

☆ 领导干部应对形势冷静分析，认真思考，理智判断，科学决策，从容应对。

☆ 办事之前要深思熟虑，不要盲目蛮干；办事之中要果断利落，不要左顾右盼；办事之后，要善于总结回顾，不要思想懒惰。

☆ 居家不富，但想一想还有多少人缺衣少食，还应艰苦奋斗；官位不高，但想一想还有多少人没有用武之地，更应尽职尽责。

☆ 任职从政，首先要正作风；处理事务，关键要抓根本。

☆ 领导干部要做到：坚持学习，乐于思考，胆识过人，气度宽厚，办事公正。

☆ 除了严于律己之外，没有胜过别人的长处；除了自强不息之外，没有超过别人的方法；除了认真学习之外，没有比别人更多的才能；除了集中群众智慧之外，没有超过别人的力量。

☆ 领导得到公众信任时，他就是公众的财富；失去公众信任时，他就是公众的包袱。

☆ 用财富造福人民是高尚的，凭权势危害群众是卑污的。

☆ 在世一天，就要鞭策自己做一天好人，不能留骂名；在位一天，就要鞭策自己做一天好官，不能对不起群众。

☆ 办事公开，不藏私；处事公平，不怕邪；用人公正，不避仇。

☆ 用平等友善的精神对待别人，就能赢得群众；用纯正光明的态度处理事务，就能扶正压邪；用正派刚直的作风使用干部，就能人才辈出；用平静安详的心境修养自己，就能饭香觉甜。

☆ 广开言路戒自以为是，胸怀若谷戒猜忌怨恨。

☆ 思想上不能一丝疏忽，决策上不能有一事草率，为人上不能有一点虚伪。

☆ 领导要过好"五关"：立党为公，过好职位关；执政为民，过好权力关；求真务实，过好政绩关；培养道德，过好女色关；坚持原则，过好人情关；正气浩然，过好生死关。

☆ 领导干部要做到"七戒"：政治上要清醒坚定，戒自由主义；思想上要立党为公，戒个人主义；决策上要集思广益，戒主观主义；作风上要深入群众，戒官僚主义；生活上艰苦朴素，戒享乐主义；团结上公道正派，戒宗派主义；纪律上要严肃认真，戒无政府主义。

☆ 以真诚的道理说服人，以高尚的情操影响人，以先进的典型感动人，以严格的规章管理人，以科学的方法培养人，以深厚的感情凝聚人。

☆ 学习上要刻苦，不能浅尝辄止；工作上要吃苦，不能挑肥拣瘦；生活上要艰苦，不能追求享受。

☆ 思想上要老练，防止浮躁；作风上要求实，防止浮夸；生活上要朴素，防止腐化。

☆ 凝聚产生力量；和谐带来兴旺。

☆ 观念新，思路清，作风实，风气正，队伍强，纪律严，效果好。

☆ 片面追求政绩，不怕花过头钱；过分夸大成绩，不怕说过头话。造成前一任领导是政绩，下一任领导是包袱；上一任受表扬，下一任受批评。

☆ 作为领导越是自视高明越愚蠢；越是摆架子群众越不买账。

☆ 领导干部要把解决问题作为带动工作的根本途径：难点重点要集中解决，热点焦点要立项解决，反弹的问题要分步解决，新的问题要探索着解决。

☆ 领导下基层要实现"三个转变"：变跑面调查为更多的蹲点解剖，变一般了解情况为深入掌握实情，变满足于带回问题为切实帮助解决问题。

☆ 按组织程序办事，就不会烦恼；按法规办事，就不会犯错；按规律办事，就不怕碰壁。

☆ 感情服从政策，面子服从原则，主观服从客观。

☆ 领导要依法决策，机关要依法办事，工作要依法运转。

☆ 改进作风不用愁，就怕领导不带头；工作好不好，关键在领导。

☆ 老干部如何对待自己？应当年龄到杠，言行不能过杠；职务到顶，工作不能到顶；时间有限，奉献应当无限。真正珍惜自己的位置，无愧于人民的重托；珍惜自己的荣誉，无愧于组织的培养；珍惜自己的政治生命，无愧于亲人的希望。

☆ 我们应当明确，有问题并不可怕，可怕的是不正视问题，不敢揭露问题，不去解决问题，使小问题变成大问题，使本来容易解决的问题变成老大难问题。

☆ 护短藏忧，糊弄领导，你糊弄了一时，糊弄不了长久；能糊弄领导，糊弄不了群众；糊弄了平时，糊弄不了战时。只有敢于揭短，才能使短变长；只有敢于报忧，才能使忧变喜。

☆ 坚持实事求是的作风：发现问题是水平，研究问题是本分，上报问题是党性，解决问题是政绩。

☆ 了解问题要切实，研究问题要务实，解决问题要扎实，汇报问题要老实。

☆ 领导就是解决问题，要做到：现实问题敢于重视，重大问题敢于拍板，棘手问题敢于较真，原则问题敢于坚持，潜在问题敢于指示，发生问题敢于负责，汇报问题敢于直言。

☆ 领导干部应该把自己管好，做好样子；把亲属管好，不惹乱子；把身边的工作人员管好，不捅漏子。

☆ 领导干部要管好自己，处处以身作则；要管好身边的人，处处严格要求；要管好子女亲属，处处带头守纪。

☆ 不了解自己就不可能了解别人，不能自我约束就不能领导别人。

☆ 端正学风必须学以致用，把理论转化为科学的思维方式，转化为政治思想觉悟，转化为管理领导能力。

☆ 任何时候不能把形势看偏了，把成绩看满了，把问题看浅了，把集体利益看轻了，把个人作用看重了，把群众作用看小了。

☆ 许多问题长期解决不了，不是没有办法解决，而是没有积极地想办法；不是办法不管用，而是没有认真去用。

☆ 加强团结必须防止"四种坏主义"：一要防止"你说了算我说了算"的个人主义；二要防止"你议论我我议论你"的自由主义；三要防止"你亲我疏"的小团体主义；四要防止"你多了我少了"的平均主义。

☆ 思想作风要实事求是，学习作风要理论联系实际，工作作风要狠抓落实。

☆ 思想方法要辩证，领导思想要端正，工作作风要公正。

☆ 领导"七意识"：机遇意识，为民意识，创新意识，务实意识，廉政意识，人才意识，服务意识。

☆ 要有战略头脑，要有世界眼光，要有科学方法，要有服务意识。

☆ 造福人民，修福自己，惜福后代。

☆ 学贵致用，用贵有效。因为用革命的道理教育他人容易，管好自己难；讲清道理容易，用来指导实践难；用来创业容易，善始善终难。

☆ 认认真真读书，扎扎实实干事，本本分分做人，清清白白为官。

☆ 公民要对法律负责，领导要对群众负责，上级要对下级负责，大家要对历史负责。

☆ 不能说话不算数，失去民信；不能贪污腐化，浪费民财；更不能糊弄群众，丢掉民心。

☆ 党委书记的作用：要把正确的意见解决好，分歧的意见统一好，不对的意见说服好，形成的意见落实好。

☆ 许多工作搞不好，不是没有好办法，而是没有认真想办法；不是办法不管用，而是没有认真用。

☆ 要围绕中心任务搞探索，拿出过硬的招数；要围绕老大难问题搞探索，力争找突破；要围绕薄弱环节搞探索，全面建设见成效。

☆ 千难万难，只要设身处地的解决就不难；这主意那主意，有了全心全意就有了好主意。

☆ 最大的失误是决策失误，最大的浪费是决策失误造成的。

☆ 任何决策都要吃透上头的精神，摸清下头情况，形成科学思路，进入组织决策，变成群众的行动。

☆ 领导干部应该通过不断学习的办法、勇于实践的路子、自我总结的途径，努力提高自身素质，做到政治上靠得住，工作上有本事，作风上过得硬，理论水平适应市场经济的发展要求，科技水平适应现代化建设的需要，领导水平适应自己的职务，思想道德适应复杂斗争的要求。

☆ 抓学习的领导才是好领导，抓好学习的领导才是称职的领导。因为只有抓好了学习，重大决策才有依据，队伍建设才有方向，探索问题才有目标，严格管理才有准绳。

☆ 昂扬的精神斗志，应体现在坚定的革命信念上，体现在强烈的事业心上，体现在改革创新的勇气上，体现在克服困难的气概上，体现在敢于坚持原则的态度上。

☆ 任何工作都要紧而又紧，实而又实。抓而不紧，等于不抓；抓而不实，等于白抓。

☆ 为官之道在公正，为官之责在服务，为官之德在清廉。

☆ 党委如何做决定？会前充分酝酿，广泛听取意见，这是决策的基础；会中充分讨论，形成共识，这是决策的原则；会后要明确分工，务求成功，这是决策的目的。

☆ 决策之前防止没有酝酿，个人说了算；决策过程中防止议而不决，流于形式；决策之后要防止决而不行，抛开原则自作主张。

☆ 在班子内部要造成这样的氛围：有话愿意讲，有不同意见敢于讲，有正确的见解乐于发表，有不正确的意见敢于批评，心情舒畅，生动活泼。

☆ 班子团结要做到：政治上互相信任，不猜疑；决策上互相磋商，不武断；工作上互相支持，不旁观；经验上互相学习，不自傲；生活上互相关心，不冷漠；失误上互相体谅，不指责；问题上互相提醒，不麻木。

☆ 主官要大度，能容人容事，副职要想全局，干好本行。

☆ 如何化解班子成员之间的矛盾？属于认识水平上的矛盾，要通过学习总结的办法化解；属于工作思路上的矛盾，要通过磋商协调的办法化解；属于精神斗志上的矛盾，通过思想互助的办法化解；属于用人上的矛盾，通过民主评议的办法化解；属于外来干扰上的矛盾，通过主动接近的办法化解。

☆ 领导的以身作则是无形的命令，为人表率是最好的教育。要求下级做到的，自己首先做好；要在坚定理想信念、保持政治坚定性上做表率；在增强党性观念，保持共产党员先进性上做表率；要在严格执行规定，维护纪律的严肃性上做表率；要在端正思想作风，保持工作扎实性上做表率。

☆ 领导干部要有议事能力，能讲出道理来；有决策能力，能拿出办法来；有办事能力，能抓出成效来；有综合能力，能总结出经验来；有表率能力，能做出样子来。

☆ 领导干部中要提倡"四个公平"：公平使用干部，公平评价工作，公平实施奖惩，公平处理敏感问题。

☆ 人们的大思路恐怕都是借鉴过去的，面向现实的，思考未来的。

☆ 理顺工作的协调性，程序好；维护工作的严肃性，纪律好；尊重工作的规律性，决策好。

☆ 领导要提高"五个能力"：一是着眼全局问题，提高政治观察能力；二是贯彻民主集中制，提高班子决策能力；三是加强组织协调，提高抓基层的能力；四是心中装着人民群众，提高排忧解难的能力；五是坚持廉政制度，提高自我约束的能力。

☆ 思想作风端正，学习作风心恒，工作作风扎实，生活作风节俭。

☆ 如何搞好领导工作？一是要坚持理论指导，防止盲目性；二是坚持依法指导，防止随意性；三是坚持分类指导，防止一刀切；四是坚持层次指导，防止越俎代庖。

☆ 改革越深入，人们思想越活跃，越要加强政治思想建设；人们生活越富裕，越要提倡艰苦奋斗，越要加强思想道德建设；民主越扩大，政治文明越发展，越要加强组织纪律建设。

☆ 政治思想建设要有所作为，真正做到善于讲清道理，以理服人，发挥真理的说服力；会做转化工作，调动积极因素，发挥感情的凝聚力；能够率先垂范，以模范行动带动人，发挥人格的感召力；敢于坚持原则，消除不良影响，发挥法规的约束力。

☆ 领导善于把大道理讲实，老道理讲新，小道理讲好，歪道理批倒。

☆ 新形势下的思想政治工作，要把解决思想问题与解决实际问题结合起来，要把利用社会的力量与发挥本单位的力量结合起来，要把领导的积极性与群众的积极性结合起来，要把典型的激励作用与反面典型的警示作用结合起来，把继承传统与创新方法结合起来。

☆ 党委书记要做到：一是统揽不包揽，集中精力办大事；二是敢断不武断，集思广益做决策；三是放手不撒手，跟踪问效抓落实；四是大度不失度，坚持原则办实事。

☆ 当好副职要做到：一是在决策上要参与不干预，善于围绕正职的意图出主意、当参谋；二是在职责上要到位不越位，按照分工积极主动抓落实、出成果；三是在思想上要出力不出名，多做"地平线"以下的难事、实事；四是在工作上要补台不拆台，自觉维护正职的指示、威信。

☆ 民主非无主，放手不撒手，信任不放任，敢断不武断。

☆ 上级对下级不能护着，有问题要及时帮助；下级对上级不能捧着，有建议要及时提出；同级对同级不能互相包着，有情况及时提醒。

☆ 当好副职，当然应该做到：一是该主官决定的事，自己不能擅自拍板；二是别人分管的事情，自己不要揽权。该下级办的事情，自己不要干预；该自己干的事情，自己不要推脱。

☆ 成绩面前不能骄傲，虚心找问题和差距；失误面前不互相埋怨，多做鼓劲加油工作。

☆ 思想上求实，决策上务实，作风上扎实，工作上落实。

☆ 认识问题要有新观念，提出建议要有新思路，解决难点问题要有新突破，指导工作要有新方法，组织落实要有新作风，评价工作要有新标准。

☆ 干部要勤于学习，善于思考，勇于实践，敢于创新，长于总结。因为，总结出经验，总结出政绩，总结出政策，总结出人才，总结出战斗力。

☆ 加强基层建设要做到：一是基本教育抓质量，在解决问题上见成效；二是基本队伍建设抓素质，在发挥作用上见成效；三是基本制度抓落实，在养成上见成效；四是基本设施抓配套，在管理使用上见成效。

☆ 对任何问题都要：及时发现，确实弄清，妥善解决，巩固提高。

☆ 抓典型要坚持做到：一是要代表广泛，不能一花独放；二是要实事求是，不能涂脂抹粉；三是要一视同仁，不能重点照顾；四是要突出个性，不能千篇一律；五是要全面考察，不能一好遮百丑。

☆ 队伍好不好，关键在领导；班子行不行，就看头两名。

☆ 领导干部要提高研究分析解决问题的能力，做到：能参善谋，组织协调的能力；真抓实干，解决问题的能力；善于总结，改革创新的能力；严于律己，自我约束的能力。

☆ 机关提高工作指导能力要做到：一是重视政策，一个好政策惠及一大片；二是重视思想指导，一个好思路能调动广大群众的积极性；三是重视法规指导，一个好法规能保障群众的利益；四是重视组织领导，配一个好班子群众就放心；五是重视典型指导，树个好典型带动一大片。

☆ 审视问题有新视角，探索问题有新思路，解决问题有新政策，推动落实有新要求。

☆ 要下得去，蹲到位，看得准，帮落实，见成效。

☆ 观天下之事，干利民之事，做可信之人，传管用之经，听客观之理。

☆ 物质文明注重效益，政治文明加强法纪，精神文明重在道德，社会和谐确保稳定。

☆ 提高党的执政能力，巩固党的执政地位，完成党的执政使命。

☆ 学习马克思主义理论要做到：真学，重在长期坚持；真懂，重在把握精神实质；真信，重在坚信不疑；真用，坚持密切联系实际。

☆ 以人为本，重在创新，着眼未来，支持发展，注重成效。

☆ 解决一切问题的关键在发展，发展的关键在科学，做到节约发展、清洁发展、安全发展、可持续发展。

☆ 依法执政机制要法制化，科学决策机制要程序化，民主监督机制要日常化，工作评价机制要纲性化。

☆ 信念高于生命，责任重于泰山。

☆ 发展中的问题，要用发展的办法来解决，改革中的矛盾要用改革的方法来化解。

☆ 领导干部"六忌"：学习上浅尝辄止，决策上盲目拍板，作风上急躁浮夸，用人上拉帮结伙，生活上奢侈腐化，工作上违法乱纪。

☆ 勤劳和节俭是防止腐败的两大法宝。

☆ 政治上防渗透，经济上防腐败，思想上防浮躁，作风上防浮夸，生活上防腐化。

☆ 政治上判断能力要强，科学决策能力要高，解决问题能力要实，自我约束能力要严。

☆ 实事求是的思想路线，执政为民的根本宗旨，与时俱进的精神状态，艰苦奋斗的工作作风。

☆ 为民感情深，务实成效好，清廉风气正，创新方法对。

☆ 不相信有学不会的东西，不相信有完不成的任务，不相信有克服不了的困难，不相信有战胜不了的敌人。

☆ 批评上级怕打击报复，批评同级怕伤和气，批评下级怕丢选票，批评自己怕影响威信。

☆ 自我批评是觉悟，互相批评是帮助，领导批评是爱护，下级批评是信任。

☆ 找问题先己后人，评功奖先人后己。

☆ 机构管理不善，造成重复工作；人员分配不当，造成人才浪费；心理过于浮躁，造成左攀右比。

☆ 诚信是无形资产：诚信做人就是感召力，诚信经营就是生产力，诚信治军就是战斗力，诚信管人就是说服力，诚信带班就是凝聚力，诚信改革就是创新力。

☆ 抓基础，想长远，搞建设，谋发展。

☆ 做人公道，用人公正，办事公开，奖惩公平。

☆ 待人以诚，用人以公，办事以实。

☆ 一身正气可压邪，两袖清风能生威。

☆ 非志难成才，非书难成才，非干难创业，非诚难交友。

☆ 对祖国要忠心，对同志要诚心，对学习要专心，对工作要细心。

☆ 前人的经验是未来成功的精神财富，前人的教训是预防错误的良药。

☆ 领导为部属服务，机关为基层服务，上级为下级服务，党员为群众服务。

☆ 理论要在道理上弄懂，在实践中运用，在思想上搞通，在是非上分清。

☆ 常怀为民之心，善谋为民之策，多做利民之事。

☆ 为人民服务必须设身处地想人民，坚定不移爱人民，扎扎实实帮人民。

☆ 立党为公，就是要做到感情服从政策，面子服从标准，关系服从原则，个人服从组织。

☆ 领导要依法决策，机关要依法办事，干部要依法管理，工作要依法运转，确保各项工作正规有序。

☆ 改进作风不用愁，就怕领导不带头；领导带了头，下级有劲头。

☆ 防止提升无望，松懈自己的斗志；防止过多考虑个人升迁，跑官要官；防止心态浮躁，静不下心来工作。

☆ 作为党员，任何时候都要正确对待职业，努力工作；正确对待组织，体谅难处；正确对待自己，严格要求；正确对待别人，虚心学习。

☆ 作为一个老领导干部，任何时候都应当做到：有昂扬的精神状态，科学的领导方法，扎实的工作作风，严格的组织纪律，良好的自我形象。

☆ 最受欢迎的是言行一致、埋头苦干的干部；可以原谅的是自己有缺点，但也能干事的干部；不受欢迎的是说多干少的干部；最反感的是光说不干、言行不一的干部。

☆ 领导干部在群众中得分最多的是公正用权，最失民心的是用权不公。公正处事，公道用人，是最有说服力的组织工作，也是风气建设最好的导向。这就是常言说的公道出政绩，公道出人才，公道出战斗力。

☆ 公道处事公道用人最重要的是：心要放得正，就是处事用人要处以公心，把事业作为根本出发点；水要端得正，就是处事用人要一视同仁，不分亲疏，看得清，听公论，一个标准量到底；眼要看得准，就是处事用人要坚持原则，经得起干扰，经得起诱惑，顶得住压力。讲人品官德，这是最重要的体现；讲领导水平，这是最重要的标志。

☆ 坚持实事求是，要在"虚"字上开刀，往"实"字上使劲，做到反映问题要真实、研究问题要务实、解决问题要扎实；坚持不虚报浮夸的假政绩，坚决不搞劳民伤财的达标活动，坚决不搞沽名钓誉的形象工程；使各项工作真正经得起上级的检查、群众的监督、历史的检验。

☆ 要注重知识武装，不断升华境界，养成刻苦学习、善于思考、科学决策、亲自动手、深刻反省的习惯。

☆ 为人民服务是领导最根本的宗旨，艰苦奋斗是领导最根本的作风，公平正义是领导最根本的原则，以身作则是领导最根本的方法。

☆ 治国之道在于富民，富民之道在于改革，改革之道在于稳定，稳定之道在于和谐。

☆ 上下级的关系是暂时的，同志间的友谊才是永久的。

☆ 做官只谋私利将遗臭万年，做事为群众谋幸福将流芳千古。

☆ 一滴水要想永远不干枯，只有投入大海；一个人要想干成事业，只有依靠群众。

☆ 情面动摇原则，私心丧失原则。

☆ 领导应当是师长，可学；是首长，可敬；是兄长，可亲。

☆ 谋划要像战略家，思考要像思想家，行动要像实业家，创业要像革命家。

☆ 节约不惧吝啬之名，奢侈就是国家蛀虫。

☆ 要对事物做出正确的判断，必须克服思想偏见；要能做出科学的决策，也必须克服主观武断。

☆ 办成任何事情，恐怕首先要认真调查，弄清情况，细心思考，形成思路，然后果断决定，坚持不懈地去做，最后要回顾验收，反思总结。

☆ 顺民意不失误，逆民意犯错误。

☆ 如何总结？看领导是否带头，看制度是否落实，看任务是否完成，看成效是否明显。

☆ 不吃老本守摊子，不争条件混日子。

☆ 靠本事赢得上级的信任，靠政绩赢得下级的信任，靠品德赢得同级的信任。

☆ 为官一任，振兴一方；当一任领导，负几代责任。

☆ 不求昙花一现，但求效果长远；不求一时红火，但求基础牢固；不求对外冠冕堂皇，但求为民办实事。

☆ 不争个人核心，要争集体核心；不争个人权威，要争集体权威；不争个人荣誉，要争集体荣誉。

☆ 好的领导班子：心能想到一块，劲能使到一块，话能说到一块。

☆ 领导成员要做到：坚持原则，不感情用事；相互信任，不相互猜疑；求同存异，不计较小事；光明磊落，不搬弄是非；扬长避短，不争功求利；批评当面，不背后议论；是非分明，不偏听偏信；谦虚谨慎，不狂妄自大；广开言路，不惟我独尊；严守纪律，不自由主义。

☆ 把无事当成有事来警惕，把小事当成大事来管理，把别人的事当成自己的事来操心。

☆ 加强团结必须做到：互相信任，政治上不相互猜疑；互相谦让，名利上不争高低；互相容忍，为人上不小肚鸡肠；互相配合，工作上不互相拆台；互相批评，思想上坦诚相见；互相尊重，决策上共同把关。

☆ 靠知识立身，靠品德做人，靠政绩进步，靠能力领导。

☆ 做好工作有"五靠"：一靠理论指导；二靠科技支撑；三靠人才为本；四靠批评激励；五靠依法管理。

☆ 权威没有威信就不能建立，威信没有德行就不能生存，德行没有知识就不能升华。

☆ 劝说常比强迫管用，启发总比命令有效。

☆ 最大的职责是为人民服务，最大的愿望是使人民幸福。

☆ 多多鼓励出士气，常常指责出怨气。

☆ 不能捧上级，批下级，吹自己。

☆ 反对个人主义，境界高；防止主观主义，决策好；克服形式主义，作风实；杜绝官僚主义，群众赞。

☆ 做个好领导应做到"五实"：深入基层摸实情，广开言路听实话，集思广益想实招，发动群众干实事，跟踪检查看实效。

☆ 领导要做到"三个明白"：讲明白，能讲出道理来；干明白，能干出政绩来；写明白，能总结出经验来。

☆ 指导工作做到"六讲"：教育讲道理，管理讲法规，用人讲标准，决策讲科学，办事讲原则，工作讲实效。

☆ 依法执政，依法治国，依法办事。

☆ 思想和谐是灵魂，经济和谐是基础，政治和谐是关键，军民和谐是保障。

☆ 讲和谐的话，用和谐的人，办和谐的事，定和谐的法，求和谐的效。

☆ 端正作风，支持正风，刹住歪风，带好民风，两袖清风。

☆ 工作要抓出实效，见到成效，跟踪问效，防止无效。

☆ 领导讲话要做到"六有"：一是言之有理，二是言之有据，三是言之有情，四是言之有爱，五是言之有趣，六是言之有法。

☆ 领导干部讲话不能只念稿子，否则就是文牍主义；调查不能只听汇报，否则就是官僚主义；决策不能只看报告，否则就是主观主义；讲评不能只看业绩，否则就是形式主义；用人不能只看唱功，否则就是个人主义。

☆ 立党为公，不谋私利，顺民意；执政为民，不为自己，得民心。

☆ 干部应有勤政意识，不能无所用心；有廉政意识，不能谋取私利；有谨慎意识，不能盲目决策；有竞争意识，不能落后形势；有机遇意识，不能安于现状；有创新意识，不能抱残守缺。

☆ 混乱的根子是人治，人治的根子在体制。人大选举等于自己选自己，对人大负责等于自己对自己负责，接受人大监督等于自己监督自己。立法和行政本应互相独立，互相制衡，而安排型选举及其后果直接违背了宪政的基本原则，这也是腐败难治的原因所在。因此由安排型选举向竞争性选举转变，是宪政改革的大趋势，是政治文明建设的核心，也是从根本上杜绝腐败的保证。

☆ 作为领导要有科学发展观，就是要不求个人名声，不求波澜壮阔，但求无愧于国家，无愧于人民；做到上不愧党，中不愧心，下不愧民；办任何事情，都要经得起上级的检查、群众的监督和历史的考验。

☆ 如何提高政治工作的针对性、战斗性、实效性？让创造传统的人讲传统，才有说服力；让实践理想的人讲理想，才有号召力；让有道德的人讲道德，才有感染力；让遵纪守法的人讲法纪，才有约束力。

☆ 组织上要做到：政治上提高战斗力，思想上增强凝聚力，工作上发挥创造力，经济上发展生产力，廉政上增强免疫力，为构筑和谐社会提供组织保障。

☆ 如何做个有公心的领导？公开用人是核心，公开办事是关键，公平竞争是动力，公道奖惩是保障。

☆ 真理的说服力、原则的生命力、感情的凝聚力、法律的约束力最有力量。

☆ 为人正直，顺民意；为人滑头，失民心。

☆ 不抛掉自己的私心，你纵然讲得天花乱坠，也得不到群众的拥护。

☆ 能够放得下烦恼的人，才能得到真正的快乐；能够放得下架子的人，才能得到群众的拥护。

☆ 一个干部的成败关键看他心中装着什么：如果是大众，注定要成功；如果仅是自己，注定要失败。

☆ 活在责任中的人，才能负起更大的责任；活在义务中的人，才能尽到更多的义务。

☆ 腐败，私欲是根本，权力是杠杆，垄断是条件，失控是土壤。

☆ 政治家不一定成为文学家，但必须懂得文学；文学家也不一定成为政治家，但必须关心政治。

☆ 求真理，干真事，图真功，做真人。

☆ 党以民为根，国以民为本，军以民为亲。因此，我们要知民情、谋民利、顺民心、得民意。

☆ 科学发展观的本质是以民为本，做到发展的目的为了人民，发展的智慧来自人民，发展的力量依靠人民，发展的成果造福人民，发展的环境保护人民。

☆ 集中人民的智慧，实现人民的愿望，满足人民的要求，维护人民的利益，发挥人民的作用。

☆ 人民的呼声要听得到，人民的痛苦要看得到，人民的要求要办得到。

☆ 一滴水流入大海才会形成汪洋，星火同柴草结合才会形成燎原之势，一个人同群众结合在一起才能有所作为。

☆ 为群众办实事，不为讨好；为基层服好务，不为出名；为国家做牺牲，不为立功。

☆ 群众观念是领导干部的基本观念；群众路线是做好工作的根本路

线；群众利益是我们的根本立场；群众拥护是我们的最高荣誉。

☆ 群众是真正的英雄。领导的智慧再高也高不过群众；领导的经验再多也多不过群众；领导的能力再强也强不过群众。

☆ 领导应当把为群众服务作为一切工作的出发点，把群众情绪作为第一信号，把群众需要作为第一选择，把群众满意作为第一标准，把群众称赞作为第一荣誉；使政绩体现在服务上，威信建立在服务上。

☆ 领导的智慧要在群众中吸取，领导的经验要在实践中积累，领导的才干要在学习中提高，领导的觉悟要在磨练中升华。

☆ 为人民服务的宗旨应当体现在：领导为下属服务，机关为基层服务，干部为战士服务，党员为群众服务。

☆ 调查研究在于了解群众疾苦，体察群众需求，集中群众智慧，决策符合群众利益，工作解决群众困难。

☆ 接受群众监督，一是要公开用权，让群众便于监督；二是要闻过则喜，让群众敢于监督；三是要知错就改，让群众乐于监督。

☆ 干部个人的主要表现是：不怕群众不满意，就怕领导不注意；不怕得罪群众，就怕得罪领导；不怕群众受损失，就怕领导不奖励；不怕影响群众利益，就怕影响个人利益。

☆ 一个人不能适应环境，就会被环境所淘汰；一个人不能团结群众，就会被群众所抛弃。

☆ 群众的事再小也是大事，个人的事再大也是小事。

☆ 真正的作为是为群众奉献，真正的觉悟是为群众服务。

☆ 精英不能脱离群众，脱离群众就没有精英。

☆ 金杯银杯不如群众的口碑，金奖银奖不如群众的夸奖。

☆ 你在群众面前越自视高明，也就越愚蠢；越是摆架子，群众越不买账。

☆ 不要迷信权威，权威有时候也有错；不要小视群众，群众手中往往有真理。

☆ 领导应当摆正自己与群众的关系，做到：重大决策问计于群众，解决难题求教于群众，工作落实依靠于群众，有了成绩功归于群众。

☆ 视群众高过自己，爱群众胜过自己，学群众提高自己，为群众不顾自己。

☆ 如何做群众工作？解群众难，暖群众心，进群众门，知群众事，为群众谋，帮群众富。

☆ 如何做好群众工作？访民情，解民忧，帮民富，保民安，顺民心，得民意。

哲语论修 | **人才观**

　　人才历来是成事之基，为政之本。得人者兴，失人者崩。能者任能，贤者任贤。培养人才领导要有长远意识，负起责任来，把培养多少人才作为衡量自己政绩的重要标准；机关要有育才意识，为群众成才广开门路，把岗位当成培养人才的摇篮，把领导当成自己的良师益友，把群众当成自己的同学。真正做到引进人才有机制，留住人才有政策，培养人才有途径，保护人才有法规，这样才能广聚能人，人尽其才，才尽其力。

示知悉悉
新春加勉
年在自感难
再送青年
务努力学
未尝书悦

王丑年春节
张文台作书于

☆ 小人得志，好人受气；得人者兴，失人者崩。

☆ 有德之人未必有才，有才之人未必有德，德才兼备方能有所作为。

☆ 尊重人，才能激励斗志；培养人，才能提高本领；理解人，才能增进团结。

☆ 不知己怎么能知人，不知人怎么能用人。

☆ 领导用人看德才，重政绩，听公论；群众就会爱学习，强素质，干事业。

☆ 人才为政事之本，得人者兴，失人者衰；要广揽人才，重用人才，培养人才，保护人才，管理人才，使人尽其才，才尽其用。

☆ 当你用能人时，别人会批评你出风头；当你用庸人时，别人会批评你没作为；当你用中等人时，别人会批评你搞中庸之道。

☆ 领导要有识才的慧眼、用才的气魄、爱才的胸怀、求才的心情、聚才的政策、育才的方法、护才的胆量。

☆ 领导识人要准，用人要当，选人要公，管人要严，育人要早，为人要正。

☆ 培养人才领导要有师长意识，机关要有育才意识，个人要有成才意识。

☆ 培养人才要下真功夫、长功夫、硬功夫、细功夫，不能急于求成。

☆ 培养人才没有更多的高招，一靠学校培养，二靠实践锻炼，三靠勤奋学习。

☆ 根据德才标准选人，着眼长处用人，立足长远培育人，放到基层锻炼人。

☆ 千方百计引进人才，多种途径培养人才，不拘一格使用人才，完善机制激励人才，采取措施保护人才，广开门路选拔人才。

☆ 有才华的人需要有人欣赏，有人了解，有人重用；否则可能埋没，发挥不了作用。

☆ 人才是国家的栋梁，爱护人才就是爱护国家的利益，培养人才就是增加国家的利益，保护人才就是保护国家的利益，重用人才就是重视国家的利益。

☆ 准确无误地识人，精明老练地用人，得心应手地管人，快速有效地育人，以身示范地带人。

☆ 用人怀疑是大忌，用人不疑是大度。

☆ 真诚的关爱，无限的温暖；及时的激励，无穷的力量。

☆ 知识的投资，往往会产生最好的利润，培养人才往往事半功倍。

☆ 领导要有求才之心、识才之眼、选才之法、用才之胆、爱才之道。

☆ 用公道的人就要容忍他的刚直，用质朴的人就要容忍他的粗疏，用聪明的人就要容忍他的圆滑，用恭敬的人就要容忍他的拘谨，用善辩的人就要容忍他的狡黠，用诚实的人就要容忍他的直爽，用守纪的人就要容忍他的刻板，用机灵的人就要容忍他的多变，用豪放的人就要容忍他的骄傲。

☆ 用对一个人，激励一大片；用错一个人，影响一大群。

☆ 风平浪静，训练不出好水手；平平常常，培养不出好人才。

☆ 聚贤者兴，嫉贤者亡，用贤者高，弃贤者昏。

☆ 贤者用贤，能者用能，昏者用奸，庸者用庸。

☆ 用好人，群众顺气；用恶人，群众生气；用庸人，群众丧气。

☆ 任人唯贤"四不用"：不用少爷，不用舅爷，不用姑爷，不用倒爷。

☆ 让谋发展的人得到发展，让干实事的人得到实惠，让关键时刻过硬的人得到重用。

☆ 看干部要做到"六少六多"：一是少看资历多看潜力，二是少看现象多看本质，三是少看小节多看大节，四是少看文凭多看水平，五是少看唱功多看做功，六是少看关系多看政绩。

☆ 七十年代用人看成份，八十年代用人看文凭，九十年代用人看本事，现代用人看政绩。

☆ 各级干部应当严格入口，畅通出口。严格入口就是坚持德才标准，坚持公开公正的方法，确保干部政治上靠得住，工作上有本事，作风上过得硬，老百姓信得过；畅通出口，就是坚持能上能下。

☆ 选贤任能应做到：能者上，平者让，庸者下，恶者罢。确保干部平等竞争，充满活力，上者受教育，下者有出路，让者给奖励。上下均为大局，升降都为事业。

☆ 对部下，一是要放心，二是要放手。

☆ 凭觉悟做工作，看政绩用干部。

☆ 如何看干部？德是核心，能是关键，勤是根本，绩是标准，廉是保证。

☆ 如何辩证地看干部，既要民主，又不能迷信民主；既要看选票，又不能只凭选票；既要看资历，又要看潜力；既要看学历，又要看能力。

☆ 对干部要做到政治上放心，政策上放开，工作上放手，调动积极性，激发创造性。

☆ 重用能人干大事，帮助庸人干小事，团结小人别坏事。

☆ 得罪多数人的干部肯定不是好干部，一个人不得罪的也不一定是好干部。因为干事就会得罪人，干好事要得罪坏人，干坏事要得罪好人，无所事事才不会得罪人。

☆ 选忠诚的人做朋友，选勤奋的人干事业，选奉献的人做领导，选智慧的人做老师。

☆ 世界上没有卑鄙的事业，只有卑鄙的人；卑鄙的人去做高尚的事业，高尚也会被玷污。

☆ 给钱给物，不如建设个好支部；给物给钱，不如配好连长指导员。

☆ 一个战士最热爱的是祖国，最信赖的是人民，最亲爱的是战友。

☆ 为祖国献身是人生最崇高的荣誉；为人民服务是人生最神圣的天职。

☆ 上不亏党，下不亏民，中不亏心。

☆ 按政策规定行事，让组织放心；公开透明用权，让部属信服；为官兵排忧解难，让群众满意；不谋取私利，让自心无愧。

☆ 亲民有感情，为民有实效，敬民有举措。

☆ 新形势下当好机关参谋的六种能力：一是战略思维能力；二是辅助决策能力；三是指挥协调能力；四是信息处理能力；五是环境适应能力；六是语言表达能力。

☆ 机关干部要做到：一是协调决策的高手；二是协调落实的强手；三是解决问题的硬手；四是总结经验的好手。

☆ 训练搞不好，不是个好领导；武艺练不精，不是个合格兵。

☆ 官兵关系"三忌"：你对我不放心，我不用心；你不放手，我不动手；你一竿子插到底，我一棍子捅到天。

☆ 干部要以身作则，发挥表率作用，做到：一是在服务部队上作表率，对官兵拥护的事就要大胆坚持，对官兵期盼的事就要排忧解难，对群众不满意的事要大胆纠正；二是在转变作风上作表率，减少会议报告，减少应酬接待，减少铺张浪费；三是在廉洁自律上作表率，严格执行规定，切记管好自己，管好亲属，管好身边工作人员，处处做好榜样。在指导官兵思想上，把对上负责与对下负责一致起来，不搞虚报浮夸假政绩，不搞劳民伤财的达标活动，不搞沽名钓誉的形象工程。

☆ 我们的一切工作，都要着眼于解决问题，着眼于长远建设，着眼于实际效果，着眼于官兵实惠。

☆ 胸中能容多少事，就能干成多少事；能容多少人，就能带多少兵。

☆ 平时科学练兵，战时科学取胜。

☆ 青年时当兵，做好战斗员；中年时带兵，做好指挥员；老年时为官，做好服务员。

☆ 战斗的士兵要比昏庸的皇帝更有价值，劳作的平民要比享乐的权贵更加可敬。

☆ 情深意切爱兵，从难从严练兵，严格要求带兵，机动灵活用兵。

☆ 任何强大的军队都是可以征服的，唯有科学的思想是不可征服的；任何人的能力和官位都是有限的，只有他的知识和德行是可以不断提高的。

☆ 政治道德的最高表现是忠于祖国；军事道德的最高表现是保卫祖国；经济道德的最高表现是繁荣祖国。

☆ 严格治军，严格管理，做到人人在组织之中，人人在管理之中，人人在监督之中；好的敢于表扬、支持，差的敢于批评、帮助，错的敢于处理、警示。

☆ 责任重于泰山，使命高如生命。军人的价值在履行使命中体现，人生的追求在履行使命中实现。

☆ 科学技术上的任何突破，用在经济上就是生产力；用在军事上就是战斗力；用在后勤上就是保障力；用在教育上就是说服力。

☆ 自主创新必须培养高层次的管理人才，高层次的研发人才，高层次的创新人才，高层次的企业人才。

☆ 经商之德：诚信为本，质量第一，薄利多销，服务周到，互惠互利，共赢共存。

☆ 信用是企业的财富，质量是企业的生命，竞争是企业的动力，人才是企业的根本，技术是企业的支柱，法规是企业的保证，领导是企业的核心，效益是企业的目的，奉献是企业的道德。

☆ 做老板的要诀：一是识时，二是知人，三是善营，四是放权，五是公正，六是无私，七是严格。

☆ 企业不但要生产商品，还要技术创新；不但要销售产品，还要传播文化。

☆ 好的产品会自我推销，比包装和广告都重要。

☆ 任何企业的成功：一是质量可靠；二是产品对路；三是价格合理；四是坚守信用；五是服务周到。

☆ 信用是成功的伙伴，质量是效益的保障。

☆ 个人之间的竞争靠素质，企业之间的竞争靠文化。靠机会成功的企业走不远，有文化的企业才能经受各种考验。

☆ 企业最大的失误是决策失误，最大的浪费是内部互相拆台，最大的难题是调动人的创造性。

☆ 企业要发展，个人要提高，学习不可少。

☆ 企业管理如何做好？一看决策；二看用人；三看考核；四看政绩；五看贡献。

☆ 成功的企业都是逼出来的路子，闯出来的市场，打出来的品牌，做出来的产业，创出来的效益。

☆ 聪明的老板发奖金，调动积极性、创造性；愚蠢的老板发脾气，压制积极性，扼杀创造性。

☆ 聪明的老板当裁判员，发现违规就吹口哨；愚蠢的老板当运动员，违规多了就"下课"。

☆ 客户就是上帝，要学会服务他们；员工就是主人，要学会尊重他
　们；自己就是公仆，要学会谦虚谨慎。

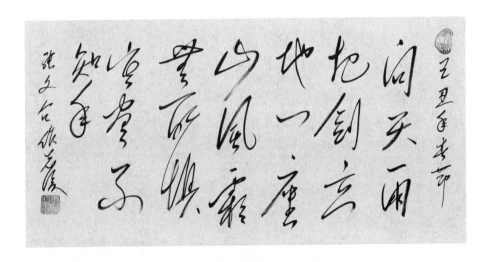

　　立党为公，执政为民，是权利观的基石。当官不能为自己，掌权不能谋私利。这样就能经得起权利的考验，不乱用；经得起亲情的考验，不谋私；经得起金钱的考验，不贪占；经得起灯红酒绿的考验，不腐化；经得起升降的考验，不跑官，正正派派做人，老老实实干事，清清白白做官，在历史上留好名，不留骂名。

☆ 用好权必须通"五理"：一是哲理不可浅，二是事理不可误，三是伦理不可失，四是情理不可没，五是法理不可违。

☆ 要树立正确的职位观，不能跑官要官；正确的权利观，不能以权谋私。

☆ 人的觉悟不是看职位高低，而是看贡献多少。

☆ 为人民做官，为国家做事，为历史负责，祖国和人民高于一切。

☆ 当官是一时的，人品是终身的；权力是一时的，服务是终身的。

☆ 当官一阵子，人格一辈子。

☆ 当官一张纸，不要为一张纸而苦恼，更不要为当官而丢了人格。

☆ 做人讲人格，做事讲规格，做官讲资格。

☆ 有所作为才有地位，尽心尽力才有权力。

☆ 权力虽如一只固执的大象，但金钱可以拖着它的鼻子走，奸臣可以用鞭子赶着它走。

☆ 权力是把双刃剑，可以使人年轻，也能使人衰老；可以使人正直，也能使人堕落；可以使人辉煌，也可以使人猥琐；可以使人自律，也能使人放纵；可以使人立功，也能使人犯罪。

☆ 权力只能服人一时，品德才能服人一世。

☆ 权力就是责任，职务就是担子，金钱就是包袱。

☆ 官大官小，有所作为就好；钱多钱少，衣食无忧就好。

☆ 当官不能为自己，掌权不能谋私利。

☆ 有的人想当官，只恨资历浅，手无敲门砖；有的人想干事，只恨本事小，身无金刚钻；有的人想发财，只恨无资本，背后无靠山；有的人想写诗，只恨无灵感，爸妈无遗传。

☆ 领导干部应经得起权力的考验，经得起亲情的考验，经得起职位升降的考验，经得起金钱物质的考验，经得起灯红酒绿的考验。

☆ 为人善良，虽普通工农，人服其德；为人狡猾，虽权位显赫，人议其过。

☆ 奢侈者财富再多也会感到不足，独裁者权力再大也会感到不满。

☆ 位高时蛆钻蝇集，那是趋附；德高时众望所归，那是尊重。

☆ 藤条紧紧攀附着大树是为了自己往上爬；恶人趋炎附势也是为了自己能够得到权力。

☆ 任何事物可能一时有用，但不可能永远有用；任何权力可能一时管用，但不可能一生管用。

☆ 要想有地位，就要有作为。

☆ 人的价值不在于他的年龄、名声、地位和权力，而在于他的事业、贡献、能力和人品。

☆ 人生要做到"四靠四不"：一是靠知识，不靠权力；二是靠人格，不靠地位；三是靠奋斗，不靠金钱；四是靠能力，不靠关系。

☆ 一分权力，十分责任；一分责任，十分清醒。

☆ 公心用权，一是要公正使用干部；二是公正使用钱物；三是公正实施奖罚；四是公正评价工作。

☆ 过好职位关，不能跑官；过好权力关，不能谋私；过好金钱关，不能贪占；过好女色关，不能丢脸。

☆ 不要以为你地位显赫就聪明，不要以为你手中有权就伟大，不要以为你家财万贯就高贵。

☆ 物欲损身，权欲伤身，爱欲烧身。

☆ 心无物欲，海阔天空；心无官欲，浑身轻松；心无权欲，安度一生；心无爱欲，健康清静。

☆ 贪钱能使人无恶不作，贪色能使人粉身碎骨。

☆ 人要赚钱不要被金钱所累，与其说你在赚钱，不如说钱在赚你，因为它赚走了你的青春、体力和生命。

☆ 追求名利不如先正心术，改造别人不如先修自己。

☆ 求速是事业最大的危险，求名是做人最大的障碍，求利是做官最大的私心。

☆ 财宝被你控制时，哪怕不多，也是一种满足和快乐；当你被财宝控制时，哪怕家财万贯，你也将没有满足与快乐。

☆ 什么是财富？无形的才是有形的，最少的才是最多的，最平凡的才是最宝贵的。

☆ 手头富不算富，心里富才是富。

☆ 金钱只能装扮你的外表，知识才能充实你的内在；金钱只能填饱你的肚皮，知识才能美化你的心灵。

☆ 天下最大的财富，并不是金银财宝，而是知识健康。

☆ 正确的金钱观应当是用金钱为人造福，而不是用金钱去害人；用金钱去化解矛盾，而不是用金钱制造矛盾；人要利用钱，而不是被钱利用。

☆ 挣钱要取之有道，不能骗；花钱要着眼实效，不能奢。

☆ 挣钱看能力，花钱看品质。

☆ 挣钱为什么？首先为国家，其次为大家，最后为自家。目的正确，挣钱就不是坏事。

☆ 人生有两个大敌：一是图名，二是贪利。

☆ 受金钱支配是可鄙的，决不能成为金钱的奴隶。

☆ 对品德低下的人来说金钱是毒品，金钱可能让他们胡作非为。

☆ 有钱若舍不得用，充其量是个守财奴，同穷人没有两样；有钱用不到正道上，吃喝玩乐，钱变成了腐化剂，危害更大；有钱用来做公益事业，救贫济困，钱才能发挥作用。

☆ 金钱在智慧面前是无能为力的。

☆ 分外之财不可想，分内之财要管好。

☆ 金钱是犯罪的诱饵，私心是犯罪的根源。

☆ 生前为己有何用，人死灯灭两手空。

☆ 世事繁杂如流波，莫将名利记心窝，粗茶淡饭身体好，强求富贵烦恼多。

☆ 事业上要有进取心，名利上要有平常心，同志间要有同情心。

☆ 对权力能提得起放得下，举重若轻；对名利能看得破撒得开，两袖清风；对事业能想得周做得到，鞠躬尽瘁；对生死能想得开笑相对，从容无惧。

☆ 迷恋女色的人往往虚弱，追求钱财的人往往贪婪，热衷权力的人往往欺诈，注重名誉的人往往虚伪。

☆ 钱财往往成为软弱的原因，才能往往是招嫉的理由，名声往往是毁谤的媒介，极乐往往是悲凉的开始。

☆ 富贵不仅仅是金钱和权势，更重要的是知识和品德。

☆ 贫而有志，富而有知。

☆ 富而善、富而知、富而美、富而勇，才是真富。

☆ 富贵时不忘还有贫穷的人，幸福时不忘还有不幸的人，快乐时不忘还有悲伤的人。

☆ 财富并非永久的朋友，朋友却是永久的财富。

☆ 人有欲望无可非议，但不能伤天，不能害理，不能违法，不能损人。

☆ 古人贫而乐道，今人致富有方。

☆ 金多银多不如书多，天大地大不如心大，车宽屋宽不如胸宽。

☆ 金钱对有觉悟的人是好事，可以为社会做更多的贡献；对没有觉悟的人是坏事，会因贪图安逸而堕落。

☆ 热爱劳动即使没有报酬，也有益于健康；交好友即使不要他帮忙，也是财富。

☆ 踏实使人变得越来越聪明，而虚荣使人变得越来越愚蠢。

☆ 把钱用在对自己对别人都有益的地方，才能发挥出钱的价值；把钱花在对自己对别人都有害的地方，钱的价值就会丧失干净。

☆ 靠自己的真本事挣来的钱，可以使人高尚地幸福；用不正当的手段得来的钱，可以使人卑鄙地毁灭。

☆ 智者求真不求得，求实不求虚。

☆ 当自己欲望太多的时候，别忘了许多人还在饿肚皮；当自己埋怨没有好鞋的时候，别忘了有的人连脚也没有。

☆ 人要是成了物欲的奴隶，会终身痛苦；要是超越了自我，会终身快乐。

☆ 追求名利只会使人沉沦；沉湎酒色只会使人失志；贪赃枉法只会使人丧生。

☆ 并非钱多就快乐，问心无愧心自安；私欲强烈苦恼多，不欲不贪自无忧。

☆ 不知足的人钱再多也是个穷人，因为他贪得无厌；知足者贫穷也是富翁，因为他心能自安。

☆ 不应该占便宜硬要去占，这就是亏本；若能占便宜而不去占，这就是存款。

☆ 人生"四有"就知足：有个家，有健康，有知识，有朋友。

☆ 作福莫如惜福，悔过莫如无过，争利莫如让人。

☆ 让步才会有进步，舍得才会有获得。

☆ 世间万物生不带来，死不带去；只求为我所用，不求为我所有。

☆ 适当的欲望人人都有，但欲望膨胀就带来痛苦。

☆ 金钱只能装饰你的外表，知识才能武装你的头脑。

☆ 没钱万万不行，金钱并非万能，最宝贵的东西用金钱买不来：金钱可以买来补药，但买不来健康；可以买来学历，但买不来知识；可以买到书本，但买不到智慧；可以买来奴隶，但买不来朋友；可以买来婚姻，但买不来爱情；可以买来床铺，但买不来安眠；可以买来享乐，但买不来幸福。

☆ 有人能抵挡百万大军的进攻，但不能抵挡金钱的诱惑；有人能创造大笔财富，但不能把它用好。

☆ 经商不要奸，为官不要贪。要想建功业，依法用好权。

荣誉是人人向往的，耻辱也是人人想避免的。但是用不正当的手段获取的荣誉，宁肯不要；用不正当的途径避免的耻辱，宁肯忍受。否则不但上不了历史的光荣榜，反过来钉在了历史的耻辱柱上。通向荣誉的道路上有鲜花，也有荆棘；取得荣誉的过程中有汗水，也有牺牲；在保持荣誉上有动力，也有包袱。可见获得荣誉需要奋斗、奉献、牺牲，保持荣誉更需要品德、胸怀、坚韧。

故若苦辛　速莫竭私　福田多积　頭恁廠勞　新耡雲耕　勞三每自名　百草拈萃　

張文會依古意

☆ 不计名誉的是圣人，不争名誉的是贤人，不顾名誉的是小人。

☆ 小人盗名，凡人重名，贤人爱名，圣人留名。

☆ 人生有两种东西很难得，一是获得荣誉；二是保持荣誉。

☆ 人生百岁能几何，劝君及早能看破。功名利禄如浮云，自我超脱心快乐。

☆ 担心诽谤，不如先正自身；追求名利，不如先干事业。

☆ 对事业要看得重如泰山，对名利要看得轻如浮云。

☆ 荣誉来自实力，实力来自智力，智力来自努力。

☆ 不想成名的人常常成名，一心想成名的人反不易成名。

☆ 不能为成就自己的一时美名而败坏别人的名誉；更不能为掩盖自己的过错而强奸天下公理。

☆ 通向荣誉的道路上有鲜花，也有荆棘；取得荣誉的过程中有血汗，也有牺牲。

☆ 世界上最宝贵的并不是荣誉，而是工作成果本身，热爱你的工作，享受努力的成果比什么奖励都重要。

☆ 每个人都与国家相关，任何人都不能开脱自己。

☆ 把自己的生命投入到国家的事业上，你永远不会感到孤独；把自己的生命投入到为大众服务中，你永远不会感到后悔。

☆ 最基本的觉悟是热爱祖国，最重大的责任是建设祖国，最神圣的天职是保卫祖国，最崇高的荣誉是奉献祖国。

☆ 祖国的历史培养教育了我，祖国的现实磨练了我，祖国的未来召唤着我，没有祖国就没有我的一切。

☆ 实现个人价值必须同祖国的需要、人民的期望、时代的要求相结合。

☆ 子不嫌母丑，人不嫌国贫。

☆ 爱祖国就会有远大的理想，为人民就会有强大的动力。

☆ 为祖国谋利益是最高准则，为人民谋幸福是最高追求。

☆ 对父母的死活无动于衷的是孽子，对祖国的兴衰无动于衷的是豺狼。

☆ 为国求知的人才有动力，为国工作的人才有政绩，为国献身的人才有英名。

☆ 离祖国越远，时间越久，你就会越热爱祖国。

☆ 保卫祖国的荣誉最光荣，保卫祖国的安全责任重。

☆ 为祖国几千年的文明而自豪，为祖国全面快速的发展而骄傲，为祖国光辉的未来而鼓舞。

☆ 热爱祖国高于一切，保卫祖国大于一切，献身祖国不顾一切。

☆ 要有爱国之心，效国之才，兴国之愿，卫国之志。

☆ 读书强国，科教兴国，和谐安国，从严治国，同心保国。

☆ 科学是没有国界的，要广泛借鉴；科学家是有祖国的，要精忠报国。

☆ 你以爱己之心爱父母，家庭和；你以报恩之心为国家，国家强。

☆ 以人为本，以德立人，以法治国。

☆ 要努力做一个对祖国有用的人，做一个有益于人民的人，做一个组织放心的人。

☆ 天时是前提，地利是基础，人和是关键，国富是目的，兵强是保障。

☆ 为国尽忠，为亲尽孝，为民尽职，为家尽责。

☆ 立功，为国奉献；立德，做好样子；立言，教育后代。

☆ 立功有三：一是为国家立功；二是为社会立功；三是为民族立功。

☆ 人不自重常处辱，人不自省是非多。

☆ 错误必生烦恼，罪恶终归毁灭。

☆ 得意莫忘失意时，胜利莫忘牺牲者。

☆ 闻赞而不喜，闻谤而不忧，毁誉而不动，表里如一，名出世间。

☆ 把自己的欲望降到最低点，把自己的理性升华到最高点，就是圣人。对自己的享受消极，对大众的福利积极，就是菩萨。

☆ 急于获得荣誉的人得不到真正的荣誉，注重事业的人才能够青史留名。

☆ 虚心的人注重自己的事业，虚荣的人注重自己的名字。

☆ 金制的马鞍不能让马跑得更快，满身的光环不能使人更优秀。

☆ 无事不要找事，有事不要怕事。找事自寻烦恼，怕事烦恼更多。

☆ 把自己的心灵净化了，生命就会得到升华，进而迸发出生命的潜力；把自己的心灵污染了，生命就会滑坡，进而断送前程。

☆ 心若不正，生活就会惩罚你；心若纯正，生活就会奖励你。

☆ 要想拥有自由，唯有加强修养；要想拥有财富，唯有提高素质；要想拥有健康，唯有自我保健。

☆ 不计较别人的过失，不暴露别人的隐私，不念别人的旧恶，三者可以养德远祸。

☆ 见微知著，防微杜渐。莫以恶小而为之，莫以善小而不为。免得渐变不知道，质变吓一跳。

☆ 不让前人志气大，不让同辈决心大，不让后人作用大。

☆ 失败来自无知，痛苦源于嫉妒。

☆ 赢得荣誉的人勇敢可敬，珍惜荣誉的人自得无忧，购买荣誉的人浮躁笨拙，败坏荣誉的人可恶可耻。

☆ 做人做事不能突破三个防线：一是道德防线，办事不能违背良心；二是纪律防线，办事不能违纪；三是法律的防线，办事不能违法。

☆ 人能逃过法律的制裁，却逃不过良心的谴责；能逃过领导的监督，但逃不过群众的眼睛。

☆ 贪便宜而忘死，贪美味而忘病，实属小人；为大事而惜身，为国事而献身，才是君子。

☆ 进步的人无非是发现自己的缺点，努力去克服；发现别人的长处，努力去学习；发现新事物，努力去研究；发现新观点，努力去采纳。

☆ 为失策找借口比失策更严重。

☆ 专门利己的人，即使活着，他已经死了；专门利人的人即使死了，他还活着。

☆ 为失误找理由，是一种更大的失误；为错误辩护，是一种更大的错误。

☆ 得意时莫要忘形，失意时莫要悲观。因为得意忘形会失意，失意悲观难翻身。

☆ 得意时勿牛气，谦虚谨慎待同志；失意时莫丧气，刚直不阿做汉子。

☆ 得意要淡然，不要骄傲；失意要泰然，不要自卑。

☆ 青年时的错误是财富，因为它可以使人成熟起来；老年时的错误是包袱，因为它使人终身遗憾。

☆ 青年时犯错误使人成熟，中年时犯错误使人清醒，老年时犯错误使人惋惜。

☆ 努力克服青年时期的毛病，中年时期才可能有所作为，老年时期才会不留下遗憾。

☆ 为理想而奋斗的人是楷模，为实现理想而牺牲的人是英雄。

☆ 做人要堂堂正正，做事要利利索索，做官要清清白白。

☆ 爱国之心最伟大，为民之心最光荣。

☆ 进是勇，救世济民无所畏惧；退是智，修身养性心静如水。

☆ 为他人辛苦而死对社会是一种损失，为自己奔波而死对个人是一种解脱。

☆ 人要想不朽，要么写对后人有用的书，要么干几件值得别人书写的事。

☆ 能抵挡百万大军的人，不一定能抵挡住诱惑；能战胜别人的人，不一定能战胜自己。

☆ 不是天气太热，而是欲望太热；不是环境不顺，而是心气不顺。

☆ 在顺利的时候处之淡然，在挫折的时候处之泰然。

☆ 狡猾的人往往因为得意于一时而自喜，而诚实的人从来不会因诚实碰壁而后悔。

☆ 知进退即是开心果，知善恶即是清醒剂。

☆ 贪心不除，罪责难逃；色心不戒，有碍长寿。

☆ 君子成人之美，自己也会更美；小人成人之恶，自己也会更恶。

☆ 华丽可以显示一个人的富有，优雅可以标志一个人的趣味，健康可以反映一个人的胸怀，奉献可以看出一个人的品德，成功可以展示一个人的才能。

☆ 古今庸人往往败于一个"惰"字，才人往往败于一个"傲"字，富人往往败于一个"奢"字，贵人往往败于一个"色"字。

☆ 成功时酝酿着失败的因素，要谦虚谨慎，不要忘乎所以；失败时有成功的苗头，要坚持到底，不要半途而废。

☆ 人往往有"七大敌人"：一是不学无术，二是骄傲自大，三是自暴自弃，四是腐化奢侈，五是弄虚作假，六是欺骗他人，七是猜忌朋友。

☆ 外在的美是暂时的，因为青春难长驻；内心的美历久弥新，因为人品可永恒。

☆ 欺辱弱者不是英雄，而是犯罪；反抗压迫才是英雄，值得敬佩。

☆ 真正的英雄往往勇敢而不鲁莽，服从而不盲从，坚强而不顽固，谦虚而不虚伪，谨慎而不胆怯。

☆ 真正的英雄不会向任何困难屈服，不会为无聊的攻击动摇，不会为暂时的失败放弃。

☆ 真正的英雄不一定有宏伟的事业，但一定有高尚的道德。

☆ 没有美德成就不了伟大，没有功德成就不了英雄。

☆ 经得起困难考验是强者，经得起生死考验是英雄，经得起利益考验是圣人。

☆ 能够战胜困难取得事业成功的是英雄，能够在失败中奋起同样是英雄。

☆ 天才往往是用批判的眼光分析过去，用独特的眼光研究现在，用长远的眼光观察未来。

☆ 历史上的天才往往具有明确的方向、疯狂的性格、超人的毅力、科学的方法、无私的奉献。

☆ 天才往往在贫瘠的土地上发芽，在狂风暴雨中成长，在诽谤四起时成功。

☆ 热衷于真理是伟人的本能；热衷于功名是凡人的本能；热衷于金钱是小人的本能；热衷于传世是圣人的本能。

☆ 没有伟大的理想，就没有伟大的天才；没有伟大的时代，就没有伟大的英雄；没有伟大的毅力，就没有伟大的成功。

☆ 时势造就了天才，艰苦磨炼了天才，群众培养了天才，实践证明了天才。

☆ 伟大的时代造就伟大的人物，伟大的实践产生伟大的思想。

☆ 伟人常常看到自己的渺小，谦虚谨慎；蠢人往往觉得自己伟大，骄傲自满。

☆ 困难可能激励斗志，荣誉可能是人生负担。

☆ 荣誉不是追求的目标，而是追求目标的动力。

☆ 因为廉洁而清贫是光荣的，因为贫困而贪婪是可耻的。

☆ 正义离不开武力，武力也离不开正义。因为离开武力的正义是无能的，离开正义的武力是邪恶的。

☆ 你可以做不到舍己为人，但决不能损人利己。

☆ 金钱买不到正义，但能损害正义。

☆ 坚持正义往往有代价，甚至有牺牲；不愿付出代价、贪生怕死，不可能坚持正义。

☆ 坚持正义是人格的要求，是对历史负责，是维护人类的尊严。

☆ 为了正义任何人都有阐述自己意见的权利，坚持正义任何人都有应尽的义务。

☆ 理论之义，在于实践；法律之义，在于执行；钱财之义，在于使用；生活之义，在于健康；安居之义，在于快乐；爱情之义，在于奉献；朋友之义，在于诚信。

☆ 为正义生铁也会生辉，非正义黄金也会失色。

☆ 正义可以使愚蠢变聪明，可以使弱者变勇敢，也可以使贫穷变富有。

☆ 天下之福，莫大于正义；天下之祸，莫大于非正义。

☆ 正义者，常乐无求；非正义者，常忧不足。

☆ 以正义为乐，其乐无穷；以非正义为乐，其祸无穷。

☆ 坚持正义的人，不会只为自己活着，也不为自己去死。

☆ 正义是社会的基础，多一分正义，就多一分和谐；多一分非正义，就多一分动荡。

☆ 人生最高的道德行为应是坚持正义。

☆ 判断一个人是不是正义，不能只根据他的言论，而是根据他的行动。因为言论正义的人，行为未必正义。

☆ 培养正义感必须有丰富的知识、深刻的思想、良好的道德、严格的法纪。

☆ 正义应该诚实不欺，守信不移。

☆ 正义者应该扬人之善，忘人之过，急人之需，助人之危。

☆ 一个有正义感的人必须是怨恨小于快乐，争执少于忍让，愤怒少于豁达，对任何人都要动之以情，晓之以理，守之以规。

☆ 正义之人须视大如小，也需视小如大。因为视小如大见严谨，视大如小见胸襟。

☆ 正义的人有四个特点：一是做好楷模；二是遵守道德；三是克服自己的缺点；四是乐于奉献。

☆ 正义让弱者战胜强者，非正义强者也会被弱者战胜。

☆ 正义的人做事决不会半途而废，也决不伪装自己。

☆ 功难建而易废，德难立而易损，时难得而易失，友难交而易散，身难健而易病。

☆ 在没有成绩的时候，念念不忘应该做什么，如何做好；当有了成绩的时候，应把目光投向更远的地方。

☆ 勇气是在磨练中成长的，智慧是在学习中积累的，成功是在奋斗中取得的。

☆ 从不灰心，是成功的诀窍；永不奢侈，是兴业的法宝。

☆ 向环境屈服的人就是失败，向逆境投降的人就是无能。

☆ 不经过巨大的困难，不可能有伟大的事业，不克服巨大的困难不可能取得伟大的胜利。

☆ 胜利后的坚持不懈比失败时的顽强更重要。

☆ 困难最大的时候胜利就要到来，最后挣扎的时候敌人最猖獗。

☆ 胜利总是喜欢坚强的人，失败也总是爱找懦弱的人。

☆ 失败可以引来胜利，牺牲可以获得永生。

☆ 每一次失败都孕育着一分胜利；每一种创伤都是一种成熟。

☆ 胜利证明了一个人的幸运，失败也不能完全否定一个人的伟大。

☆ 一个人的成功离不开两个翅膀，一个是知识的翅膀，一个是实践的翅膀，只有一个翅膀是永远飞不高的。

☆ 事前的思考是成功的前提，事后的思考是成功的财富，事中的思考是成功的关键。

☆ 敢为才能干什么都难不倒，做什么事业都不怕失败。

☆ 成功之路不是用鲜花铺就的，而是充满了荆棘。

☆ 成功的人往往是眼光远，不只看眼前；眼界宽，不只看一点；眼光活，不把事情看死。

☆ 成功者，既要自己思考和实践，也要借鉴别人的智慧和经验。

☆ 失败者大致有两类：一类是光想不干的人，二类是光干不想的人。

☆ 成功的人需要七十岁的成熟，六十岁的稳重，五十岁的豁达，四十岁的干劲，三十岁的体力，二十岁的活力。

☆ 不懂得失败就不懂得胜利，不懂得挫折就不懂得成功，不懂得悲哀就不懂得快乐，不懂得奉献就不懂得幸福。

☆ 站在成功的跳板上也需要反复弹跳才能跳起来。

☆ 凡是成功者有五：一是用魅力凝聚人心；二是用制度驾驭人心；三是用品德成就人心；四是用目标激励人心；五是用关爱温暖人心。

☆ 任何成功之路都是用失败铺垫的，任何经验都是用教训换来的。

☆ 成功的秘密在于目标明确，成功的途径在于奋斗不息。

☆ 一个成功者的心总是在燃烧，大脑总是在思考，双手总是在创造。

☆ 条件优越的人成功了会受到人们的羡慕，而条件恶劣的人成功了会受到人们的敬佩。

☆ 成功靠奋斗，奋斗靠毅力，毅力靠信仰。

☆ 成功的人会把压力变成动力，把批评转化成机遇，经受各种压力的考验，经受失败挫折的考验，经受长期寂寞的考验。

☆ 成功的人并不是没有失败，而是正确对待失败，使失败转化为胜利。

☆ 成功者往往是对待工作热心，研究工作用心，坚持工作耐心，不失望，不马虎，不动摇。

☆ 成功者必然方向明，决心大，方法对，毅力强。

☆ 成功靠敏锐的观察能力，科学的决策能力，超群的创新能力，严格的管理能力，精密的协调能力，自觉的奉献能力。

☆ 成功在于取得多少成绩，获得多大胜利，更在于克服多少困难，积累多少经验。

☆ 收获靠耕耘，成功靠努力，荣誉靠贡献。

☆ 成才，成熟，成功，成名。

☆ 成功靠眼力、智力、魄力、能力、精力和毅力。

☆ 敢于挑战困难才能成功。

☆ 希望总是在战胜困难中实现，胜利总是靠失败换来。

☆ 唯有埋头，才能出头；要想出头，须先埋头。

☆ 有尝试的勇气，有实践的决心，有顽强的毅力，有科学的方法；成功往往是看准了的就不犹豫，不迟疑，不退缩，迎难而上，百折不挠。

☆ 死里逃生才懂得生命的珍贵，失败然后成功才懂得成功的意义。

☆ 挫折是胜利的种子，苦难是成功的伴侣。

☆ 先克服困难而后成功的人才扎实；先遇到失败而后胜利的人才成熟。

☆ 希望是成功的阳光，信念是成功的动力，经验是成功的老师，忍耐是成功的朋友。

☆ 人生受到挫折时没有什么后悔的，因为它可以使你成熟起来；取得成功也没有什么骄傲的，因为新的任务又在眼前。

☆ 没有自信心的人永远得不到快乐，没有顽强毅力的人永远也不会成功。

☆ 有智慧的人最先明理，有勇气的人最先成功。

☆ 失败击不垮意志，胜利冲不昏头脑。

☆ 受到打击而丧失信心的人永远是失败者；不怕困难永远争取胜利的人才是英雄。

☆ 不克服巨大困难，不会有伟大的事业；不做出巨大贡献，不会有伟大的人物。

☆ 辉煌的人生不在于长久不败，而在于不怕失败。

☆ 人生遇到一分困难，就增长一分智慧；战胜一分困难，就取得一分胜利；受到一分挫折，就增长一分经验。

☆ 困难靠毅力克服，障碍靠勇敢冲破，胜利靠奋斗获取。

☆ 逆境是磨练人的最高学府，失败是考验人的最好尺度。

☆ 不幸是人生最好的学校，挫折是人生最好的老师，教训是人生最好的教材。

☆ 谋求幸福的人先要学会吃苦，谋求成功的人先要克服困难，谋求胜利的人先要能经得住失败。

☆ 懦弱是失败的原因，坚强是胜利的动力。

☆ 失败是成功的母亲，恒心是成功的朋友，耐心是成功的卫士，诚心是成功的天使。

☆ 信心是成功的秘诀，动摇是失败的根源。

☆ 我希望成功，但我也不害怕失败。因为失败是变相的成功，成功也往往是变相的失败，是成功还是失败都决定于自己，决定于自己是否善于思考，敢于胜利。

☆ 经得起失败的考验是伟大的，经得起成功的考验是可敬的。

☆ 成功人物的标志是坚定的毅力和信念。

☆ 经过失败才能成功，克服困难才能踏入顺境；继承前人才能创造，是有所作为者的一种规律。

☆ 失败对成功也是有价值的，它为成功创造了条件。

☆ 谦虚是成功的朋友，骄傲是成功的大敌。

☆ 成功没有捷径可走，只有敢于攀登；失败也往往不是自己无能，而是缺少克服困难的精神。

☆ 认为自己能成功就已成功了一半；认为自己不能成功则根本没有成功的希望。

☆ 克服困难有多大决心，成功的希望就有多大。

☆ 牺牲有多少，英雄事迹就有多少。

☆ 失败的原因往往不在于敌人，而在于自身。

☆ 一个集体的成功，一靠正确方向的指引，二靠战斗精神的鼓舞，三靠团结合作的保障。

☆ 失败者等待胜利，成功者争取胜利。

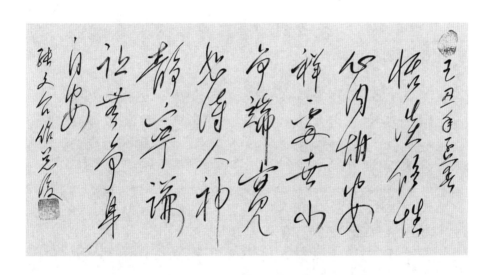

古人云，你敬我一尺，我敬你一丈；你给我滴水之恩，我应涌泉相报。因此成人之美，不成人之恶；分人之过，不分人之功；我为人人，人人为我，是为人处事的根本方法。这样才能明确，沟通是人与人之间联系的桥梁，体谅是人与人之间理解的钥匙，诚信是人与人之间交往的基础，互助是人与人之间交往的保证，谅解是人与人之间交往的纽带。由此可见，为人处事应该像春天的雨滋润万物，夏天的风使人凉爽，秋天的果给人营养，冬天的火暖人心房。

☆ 要自觉净化生活圈、娱乐圈、交际圈。

☆ 习惯的力量是强大的，愚昧的力量是可怕的。

☆ 善良的人，法律对他们是没有用的，因为他们不会违法；邪恶的人，法律对他们也是没有用的，因为他们为所欲为。

☆ 地利不如人和，因为人和万事兴；武力不如美德，因为德兴则民安。

☆ 应对邪恶的唯一办法就是战斗，同情弱者的唯一办法就是互助。

☆ 维护利益最好的武器就是法律，维护尊严最好的法宝是良心。

☆ 路旁边也是路，只要眼光宽，生活的路就越走越宽；不要埋怨路窄，是我们的眼光窄。

☆ 误区并不可怕，可怕的是执迷不悟。

☆ 教人以智，授人以渔，爱人以德，助人以诚，为人以忠。

☆ 不要试图讨好所有的人，那只会得罪更多的人。

☆ 改造别人，首先要改造自己；改造客观，首先要改造主观。

☆ 凡是有人的地方就会有是非，遇到是非就要正确对待。

☆ 人犯错误是经常的，原谅是超常的。

☆ 保持知足心，克服逞强心。

☆ 生气往往因无知，失误常常因自私。

☆ 嫉妒别人的人，很难学习别人的长处，永远赶不上别人；仇视异己的人，很难团结大多数人，永远干不成大事。

☆ 严以律己的人，德高望众；待人宽厚的人，百事可成。

☆ 征服世界是伟大的，征服自己更伟大；征服不了自己，就征服不了世界。

☆ 宽容别人缺点的人，干事往往顺利；计较别人缺点的人，事事让他烦心。

☆ 讥讽嘲笑别人，什么时候都不是美德。

☆ 是非天天有，不听自然无；困难事事有，就怕你克服。

☆ 人应一生为善：一是与人为善，二是观人从善，三是自己行善。

☆ 人不怕用心和操心，就怕烦心和伤心。

☆ 知道自己的错误容易，但改正起来难；说清楚道理容易，但实践起来难；法律判决容易，但执行起来难。

☆ 沟通是人与人之间联系的桥梁，体谅是人与人之间理解的钥匙，诚信是人与人之间交往的基础，互帮是人与人交往的保证，谅解是人与人之间交往的纽带。

☆ 能学到知识就是收获，能付出爱心就是幸福，能消除烦恼就是快乐。

☆ 尽责任的人生才有踏实感，无私奉献的人生才有快乐感。

☆ 一切随缘，不要执拗；如有利好，我不自满；利好如去，我不留恋。

☆ 一个两眼盯着别人缺点错误的人就没有心思检讨自己；一个经常反思自己的人就没有时间找别人的问题。

☆ 自己的享受放后，大家的福利优先。

☆ 不为小家多分心，要为大家多上心。

☆ 给别人希望的人，常常自己充满希望；给别人失望的人，自己也往往失望。

☆ 不见人过但见己过是君子，只见人过不见己过是小人。

☆ 不妄求则心安，不妄做则身安，不妄说则事安。

☆ 伤人之身好治，伤人之心难愈。

☆ 高雅的人创造生活，健康的人热爱生活，乐观的人享受生活。

☆ 人与人之间相互了解，相互支持，才能消除误会，取得信任。

☆ 吹捧逢迎别人，是为了自己的私利；被人吹捧逢迎，是别人有利可图。

☆ 公正的人互相融合，相得益彰；自私的人互相嫉妒，两败俱伤。

☆ 人敬我一尺，我敬你一丈；人给我滴水之恩，我总以涌泉相报。

☆ 不要攻击别人，也不要吹嘘自己。因为攻击别人容易伤害自己，吹嘘自己容易被人讥笑。

☆ 成人之美，不成人之恶；分人之过，不分人之功。

☆ 吹牛拍马的人，不可同他一起做事；趋炎附势的人，不能同他同甘共苦；自吹自擂的人，不能同他讨论学问；贪生怕死的人，不能同他并肩作战；贪图私利的人，不能同他合伙经营。

☆ 不深入地研究自身就不能深刻地了解别人，不战胜自己就不能战胜别人。

☆ 不尊敬别人也得不到别人的尊敬，不关爱别人也得不到别人的关爱，不信任别人也得不到别人的信任，不帮助别人也得不到别人的帮助，不体谅别人也得不到别人的体谅，不宽容别人也得不到别人的宽容。

☆ 顺从一个人的错误容易，纠正一个人的错误很难。

☆ 团结一致弱胜强，离心离德泰山崩。

☆ 自我吹嘘意味着对自我的贬低，贬低他人等于降低自己的人格。

☆ 开诚布公才有心灵的沟通和感情的交流，才能互相体谅互相帮助。

☆ 当你得意时有人竭力吹捧，当你失意时他就落井下石。

☆ 不重视自身缺点的人，怎么能帮助别人？不研究别人优点的人，怎么向别人学习？

☆ 人格的魅力比命令更容易征服人的心灵。

☆ 多给别人一些愉快，少给别人一些不悦；多给别人一些幸福，少给别人一些麻烦。

☆ 事后不要议论人，自己设身事前想；局外不要评论人，难易轻重费掂量。

☆ 过谦者虚伪，过诚者愚蠢。

☆ 为人诚实，处事要当，待友诚心，经营要信。

☆ 对刚愎自用的人要用温和的方法去帮助他；对善弄权术的人要用诚恳的态度去感化他；对意气用事的人要用道理去说服他。

☆ 被别人欺骗了，不要愤怒，要反思一下是不是自己有私心；欺骗了别人，不要高兴，要反思一下自己是不是损失更大。

☆ 不尊重别人的人，往往会让别人疏远；过分顾忌别人的人，也常常会引起别人的厌烦。

☆ 无事不要找事，自寻烦恼；有事不要怕难，推脱责任。

☆ 祸福无门，关键在人；境无好坏，根本在心。

☆ 扭曲别人善意的人，无药可救；无中生有的人，无友可交。

☆ 不义之事决不要想，有害之事决不要做。

☆ 自私自利的害处不在于追求个人利益，而在于损害了别人的利益；不在于追求眼前利益，而在于损害了长远的利益；不在于追求小团体利益，而在于损害了国家利益。

☆ 不要把复杂的事情简单化，那样会犯错误；也不要把简单的问题复杂化，那样会自己痛苦。

☆ 能够体谅别人的困难，分担别人的痛苦，好建议才能生效，好意图才能实现。

☆ 不要因为一个人的落后而否定他的优点，也不要因为一个人的进步而掩盖他的过失。

☆ 置身于是非之外，方可明是非之衷；置身于利害之外，方可观利害之变。

☆ 观察事物贵在明理，理不明难分辨是非；处理问题贵在公心，心不公难妥帖得当。

☆ 忘不掉痛苦是加倍的痛苦，嘲笑别人的痛苦是对别人的伤害。

☆ 对别人要宽容，对自己要严格；对别人要看到长处，对自己要看到短处。

☆ 比上不足才要百尺竿头更进一步，比下有余才知生在福中不知福。

☆ 互相了解，互相理解，互相谅解。

☆ 与人交往既要谦虚和善，又要忠厚纯朴；处理事务既要反复斟酌，又要敢于决断；研究理论既要领会精神，又要懂得变通。

☆ 处理事情要认真思考，不要盲动；与人交往要认真选择，不要乱交；管理部下要耐心说服，不要发火。

☆ 你学习别人，别人也会学习你；你关心别人，别人也会关心你；你给予别人，别人也会回报你。

☆ 不与热心当官的人争地位，不与骄傲自大的人争名气，不与逞强好胜的人争高低，不与胡搅蛮缠的人争是非，不与唯利是图的人争财富。

☆ 欺贫之人不可近，无情之人不可交，势利之人不可用，寡信之人不可托。

☆ 知足常乐，知恩当报，知难而进。

☆ 做人要做到正直无曲，真实无伪，公正无私。

☆ 愚蠢的人往往不分青红皂白地批评、指责、抱怨别人，聪明的人往往善于理解、体谅、鼓励别人。

☆ 知识是财富的源泉，奢侈是贫穷的祸根。

☆ 最大的过失是有错不知，最大的错误是知错不改。

☆ 赞美好人，可以鼓励他前进，使好人更好；赞美坏人，可以使坏人得意忘形，使坏人更坏。

☆ 节约是美德，吝啬是陋习。

☆ 别人困难的时候应当热情帮助，而不应当袖手旁观。

☆ 要热爱所有的人，信任值得信任的人，不能伤害任何人。

☆ 与有肝胆人共事，才能成就大事；从无字处读书，才能真正明理。

☆ 与智者同行必有益，与愚者同伴必有害。

☆ 欺人容易，良心难欺，得意一时，自责一世。

☆ 有花香自来，有德誉自归。

☆ 诚者无欺，义者无私。

☆ 骗子爱骗自私的人。

☆ 越是聪明人越容易受骗。

☆ 受骗的原因有千万条，但贪小便宜是第一条；骗人的原因有千万条，但自以为比别人聪明是第一条。骗人者本事不大，受骗者觉悟低下。

☆ 对愚蠢而忠诚的人，应该谨慎；对愚蠢而虚伪的人，应该抛弃。

☆ 对人诚实关系会日益密切；对人虚伪关系会逐渐疏远。

☆ 小利不争生意好；小气不生身体好；小人不近形象好。

☆ 人生在世应当有爱心，为别人的幸福而快乐，为别人的痛苦而担忧。

☆ 想认识别人不如先认识自己，想求别人帮助不如先帮助别人，想要别人原谅不如先原谅别人。

☆ 念念不忘自己长处的人，别人往往想起他的短处；念念不忘自己短处的人，别人往往想起他的长处。

☆ 嫉妒别人的智慧恰好证明自己的无知；嫉妒别人的才能恰好证明自己的无能；嫉妒别人的富有恰好证明自己的贫困。

☆ 交流是感情的粘合剂，倾听是友谊的催化剂，智慧是心灵的净化剂。

☆ 对任何人都信任是错误的，对谁都存戒心更是错上加错。

☆ 诚信可以感动人，热情可以改变人，表扬可以激励人，关心可以温暖人。

☆ 有信用的人不一定有钱，但有钱的人一定要讲信用，不然很快就变成穷光蛋。

☆ 过分胆小的人是懦弱，过分胆大的人是鲁莽，恰如其分的是勇敢。

☆ 生活的丰富多彩如同人生，有时阳光灿烂，有时满天大雾；有时风和日丽，有时风雨交加；有时一路畅通，有时坑洼泥泞。

☆ 为了保持愉快的心情，为了消除烦恼，为了不使脑力过分紧张，为了陶冶高尚情操，除了学习和专业，还应培养一些业余爱好和兴趣。

☆ 适度的娱乐能放松人的情绪，陶冶人的情操，加强人的友谊；过度的娱乐能消磨人的斗志，影响人的健康。

☆ 有的人有价值，而衣服不一定有价值；有的人衣服有价值，但人不一定有价值。有的人奉献大，待遇不一定高；有的人待遇高，奉献不一定大。世间不平事多如牛毛，因此心理不平衡影响自己的情绪最为不值。

☆ 正当的娱乐，既是辛苦工作的放松，也是继续工作的准备；既是保证健康的方法，也是交友的途径。

☆ 人不应追求无错，但要追求改错，因为无错是不可能的，改错才是可敬的。改错有几种方法：一是从事上改，就事论事是表面；一是从态度上改，真心实意是关键；一从心理上改，接受教训是根本。

☆ 人人容得下你，你也容得下人，才能真正成功。

☆ 被人需要就是一分作用，被人夸奖就是一分荣誉，被人感谢就是一分给予，被人爱戴就是一分人格，被人学习就是一分成就。

☆ 走自己的路，何必听别人的议论？享受自己的生活，何必与别人比较？

☆ 谨慎小心善始善终是避免自己失败的护身符。

☆ 愚蠢的人做错事别人不会埋怨他，聪明的人做错事别人会嘲笑他。

☆ 要小心谨慎，但不要小肚鸡肠；要大度容人，但不要大大咧咧。

☆ 与人相处应当以和为贵，做到理直气壮，得理饶人。

☆ 先与别人沟通，别人才能和自己沟通；先适应别人，别人才能适应自己；先成就别人，别人才能成就自己。

☆ 过分地迎合别人是最大的错误，一味地阿谀奉承是最大的悲哀。

☆ 邪恶陷害正直总是披着道德的外衣；坏人攻击好人也总是打着各种幌子。

☆ 有难同当才能聚起力量，有福同享才能众志成城。

☆ 坦诚是最聪明的策略，狡猾是最糟糕的办法。

☆ 丧失人格获得的利益是毒药，丧失国格获得的好处是祸水。

☆ 出手帮助别人的人是好人；伸脚去绊倒别人的人是坏蛋。

☆ 受人之托，不马虎；忠人之事，不欺骗；代人之过，不推脱。

☆ 弄虚作假不仅让别人不敢相信你，同样也让你不敢相信别人。

☆ 你用别人喜欢的方式对待别人，别人就会用你喜欢的方式对待你。

☆ 同道者相互友爱，同志者相互激励，同行者互相嫉妒。

☆ 要想在没有办法时得到别人的帮助，最好的办法就是虚心求教；要想在困难时得到别人的帮助，最好的办法就是宽厚待人。

☆ 受惠的人应该记在心里，否则就是忘本；施恩的人应该忘记，否则就是自私。

☆ 温柔能抚慰所有的不幸，忍耐能战胜一切困难。

☆ 青春难欺，众人难骗。

☆ 平平淡淡，粗茶淡饭，心情舒畅，身体健康。

☆ 忍耐可以成就大事，急躁可能一事无成。

☆ 同志间要多一些理解，少一些误解；对社会要多一些奉献，少一些索取；个人要多一些进取，少一些暮气。

☆ 克制自己是理智，放纵自己是无知。

☆ 你不教训儿子，儿子大了就会教训你；你不严肃地对待生活，生活也会玩弄你。

☆ 关心别人一件小事，比说一千句空话都管用；自己以身作则，比多少自我吹嘘都高明。

☆ 不和，不可以待人；不严，不可以管人；不正，不可以率人。

☆ 不要找别人的错处，而要寻找补救方法；不要嫌别人的唠叨，而要从中多汲取营养。

☆ 自己吹自己是哗众取宠，自己吹别人是溜须拍马，别人吹自己是灌迷魂汤。

☆ 不论替别人做了多少好事，也不论多么忠心耿耿，决不能指望别人感谢你，而是你尽了应尽的责任，问心无愧就是最高的奖赏。

☆ 不要讥笑年轻人犯错误，因为你也是从错误中走过来的；更不要讥笑老年人无能，因为你将来也会老的。

☆ 帮人不帮心，帮不到点子上；帮心不交心，帮不出知音来。

☆ 不看僧面看佛面，看了佛面更难办。

☆ 不要去计较别人给你提了什么意见，就看意见对不对。

☆ 能人求己，庸人求人。

☆ 及时的帮助有双倍的价值，过时的嘘问则毫无价值。

☆ 流水斩不断，家事说不清，私言辩不明。

☆ 锦上添花易，雪中送炭难。

☆ 处事让一步为高，待人宽一分是福。

☆ 吃点亏未必是坏事，念念不忘会招来新的不快；占点便宜未必是好事，津津乐道会摔新的跟头。

☆ 对人，不可任己意，要悉人之心；处事，不可任己见，要悉事之理。

☆ 对人不可太多心，但处事要多留余地。

☆ 要让一个人值得信任的唯一方法就是信任他，使一个人成才的唯一方法就是鼓励他。

☆ 别人指出自己的缺点，这是帮助自己进步，不要当成挑刺；别人赞扬自己的优点，这是激励自己进步，不要当成包袱。

☆ 无我才能不曲解人生；无我才能更体谅众生。

☆ 安分守己虽然是老生常谈，但永远是处世修身的根本；先人后己说起来容易，事事如此则需非凡的努力。

☆ 凡是怕别人知道的事坚决不能做，凡是不能做的事坚决不要想。

☆ 处世忌太洁，待人贵包容。

☆ 多一份心力注意别人就少一份心力反省自己。

☆ 人不可有傲气，但不可无傲骨。有傲气者必自损，无傲骨者必自辱。

☆ 不怕人不知，就怕己不能；不怕流言蜚语，就怕自身不正。

☆ 你能糊弄领导，糊弄不了群众；你能糊弄一时，糊弄不了一世；你能糊弄自己，糊弄不了敌人。

☆ 再好的人也有缺点，说他十全十美那是迷信；再差的人也有优点，说他一无是处那是偏见。

☆ 听话要听三种人的话：一是有智慧的人，二是有经验的人，三是有觉悟的人。

☆ 诚信为本，既是文化传统，又是民族灵魂。

☆ 人无诚信不立，国无诚信必亡，商无诚信不富，学无诚信不博。

☆ 为别人的成绩而快乐，为别人的困难而着急，为别人的痛苦而忧虑，才是真正的善良。

☆ 多想一点好事，以乐观的态度处事，工作会更顺一些；多讲一点笑话，以幽默的态度处事，生活会轻松一些。

☆ 对人诚恳的人朋友多，对人虚伪的人敌人多。

☆ 劝告别人，不顾忌别人的自尊心，再好的语言也没有用；帮助别人，不从客观实际出发，再好的方法也没有用。

☆ 走路时应留一步让别人走，美餐时应留一份让别人吃。

☆ 不遇到危难，分辨不出忠和奸；不面对财富，也难看出贪与廉。

☆ 世界上没有一个永远不被诽谤的人，也没有一个永远被赞美的人。

☆ 当你有办法时，别人会拿你没办法；当你没办法时，别人会拿你有办法。

☆ 做好事，心中坦然，如处天堂；干坏事，心中不安，如处地狱。

☆ 决不能强顺人情，附庸世故，否则会丧失人格，误人生大事。

☆ 硬把单纯的事情看复杂，日子就会不好过；偏要把复杂的事情看简单，日子同样不好过；处事贵在恰如其分，认识难在辩证全面。

☆ 原谅别人，就是给自己心中留下了空间；计较别人，就等于给自己心中装上了磨盘。

☆ 多一分退让，增一份光彩；多一人分享，添一份幸福。

☆ 为别人着想永远不寂寞；为社会贡献永远不落后。

☆ 要真心感谢告诉你缺点的人，要永远不忘帮助你改正缺点的人。

☆ 容人之过，并非顺人之非；学人之长，并非要护其短。

☆ 夸奖、赞美我们的不一定是益友，指点、帮助我们的才是良师。

☆ 生有一身美丽的羽毛，不一定是益鸟；有华丽外表的人，不一定
  是好人。

☆ 轻视他人的人得不到真正的赞美，漠视他人的人得不到真
  正的支持。

☆ 一抹微笑能滋润心灵的荒漠，一声问候能温暖生命的冬季。

☆ 一个人最快捷的成长方式，是周围有很多比自己聪明的人。

☆ 爱他人，要付出牺牲；不爱任何人，代价就会更大。

☆ 能正确认识自己才能认识别人，能战胜自己才能改造别人。

☆ 你现在拥有的一切，都将随着你的死亡而为他人所有，那为什么
  不现在就给那些最需要的人呢？你现在缺乏的一切，都将随着你
  智慧的成长创造出来，那为什么要做那些损人利己的事呢？

☆ 你不让别人占"便宜"，别人为什么同你合作？你老是占便宜，
  别人怎么同你长期合作？这就是 "吃亏是福，占便宜是祸" 。

☆ 看一个人的能力，要看他的竞争对手；看一个人的品行，要看他
  身边的朋友。

☆ 好事要拿得起，是非要放得下。

☆ 成就别人就是成就自己，损害别人等于损害自己。

☆ 人生最大的隐患是自私；人生最大的隐痛是嫉妒；人生最大的隐私是淫乱。

☆ 要改正自己的缺点与错误，先要乐于接受别人的劝告与帮助；一个人要想干成事业，先要请求能人的支持与协助。

☆ 常常责备自己的人，往往会得到别人的原谅；常常原谅自己的人，往往会受到别人的责备。

☆ 言多语失皆因酒，恩断亲绝只为钱；有事但听君子说，是非休听小人言。

☆ 是非窝里，人用口，我用耳；热闹场中，人向前，我向后。

☆ 诽谤他人就等于污染自己的嘴巴，吹捧他人就等于出卖自己的灵魂。

☆ 恨别人，痛苦的是自己；恨自己，感动的往往是别人。

☆ 严于律己身自正，宽以待人品自高。

☆ 怀着一颗感恩的心，总会宽容别人的缺点；怀着一种奋斗的心，总会学习别人的长处。

☆ 心善，处处天堂；心恶，时时地狱。

☆ 希望别人快乐的人，自己会很快乐；希望别人痛苦的人，自己会比别人更痛苦。

☆ 有福共同分享，有难共同承担。

☆ 对别人宽容些，对自己严格些；对别人慷慨些，对自己节约些。

☆ 不要因为小小争执，远离了你至亲好友；不要因为小小怨恨，忘记了别人的大恩。

☆ 不自爱的人，没有资格去爱别人；不爱别人的人，也不会得到别人的爱。

☆ 做人的可贵之处在于自觉，教人的可贵之处在于耐心，帮人的可贵之处在于诚心，学人的可贵之处在于虚心。

☆ 对别人最好的教育，是自己的一切言行；报答别人最好的办法，是把事业干成功。

☆ 赞美别人是快乐，批判别人是烦恼。

☆ 关心别人劳累的人，他心里不会劳累；常怕自己劳累的人，自己心里肯定很劳累。

☆ 对人尊敬就是尊重自己；对人蛮横就是糟蹋自己。

☆ 吹捧他人的人，一定是为了谋私；诽谤他人的人，一定别有用心。

☆ 爱生活就是诗，写诗就要热爱生活。

☆ 病从口入，祸从口出。

☆ 暗箭的伤疤最深，善意的谎言最坑人。

☆ 沉默是金子，你若不开口，谁拿你也没有办法；忍耐是法宝，你若不急躁，什么困难都能克服。

☆ 事实胜于雄辩，沉默贵于黄金。

☆ 说谎的人欺骗别人的同时也是在欺骗自己；沉默的人保护自己的同时也是在保护别人。

☆ 沉默是对诽谤的最好答复，修养是对自己最好的完善。

☆ 沉默是对蔑视的最好反应。

☆ 讲假话的人害怕真理，讲实话的人欢迎真理。

☆ 知识越少讲话越多，知识越多讲话越少。

☆ 一句温暖的话，可以拉近你同朋友的距离；一句伤心的话，就能疏远你同朋友的关系。

☆ 说话随便是没有知识的表现；办事随便是不讲原则的反映。

☆ 不讲不合理的话，不干不该做的事，不做不合格的人。

☆ 好话说过头不可信，坏话说过头也不可信，只有实事求是的话才可信。

☆ 耳朵可以听任何人说话，但嘴巴却不可对任何人乱开。因为听话可以分析，说话很难收回。

☆ 说话不慎重，不但对别人无用，对自己也是损害。

☆ 不求句句是真理，但求句句是真话。

☆ 言语让人信服，行为让人佩服。

☆ 动听的言词掩盖不了行为的卑鄙，高尚的行为也不会因诽谤而逊色。

☆ 动过脑子再动嘴皮，三思而后言。

☆ 射击要瞄准，说话要深思。

☆ 对牛弹琴不如沉默，付诸实践胜过自辩。

☆ 高兴时说话不要失信，发怒时说话不要失礼。

☆ 有智者不多言，有德者不多言，有信者不多言，有谋者不多言，有才者不多言。

☆ 言辞激烈表示理亏，言辞刻薄表示心虚。反复强调话不灵，三令五申令不通。

☆ 套话应付人，假话欺骗人，真话打动人，实话教育人，好话激励人。

☆ 事物是发展的，思维是变化的，语言是更新的。

☆ 语言是为了表达思想，而不是为了装潢门面，是为了指导自己的行动，而不是教育别人。聪明的人想过才开口，愚蠢的人不想就说话。

☆ 温柔的目光让人鼓舞，真诚的语言让人温暖。

☆ 气质美胜过容貌美，行为美胜过语言美。

☆ 什么东西错了都可以收回，就是话说错难收回，就是常说的君子一言，驷马难追。

☆ 说实话得罪人是一时的，说假话笼络人也是一时的。

☆ 说话要精简，以防言多必失；办事要果断，以防丧失时机。

☆ 不要说不着边际的大话，不要说有损他人的小话，不要说毫无根据的谎话，不要说千篇一律的套话，不要说难以落实的废话。

☆ 讲真话是美德，干实事是才干，能知足是上策。

☆ 消极是最强烈的不满，沉默是最坚决的抗议。

☆ 能说不如能干，能辩不如能容。

☆ 宁可讲真话受罚，不可讲假话开脱；宁肯讲真话受损，不可讲假话发财。

☆ 损人的话莫说，亏心的事不做。

☆ 说大话者耻，办大事者荣；说空话者耻，办实事者荣；说远话者耻，办近事者荣；说鬼话者耻，办人事者荣。

☆ 难听的实话胜过好听的谎话。宁可说实话受罚，不可说谎话得奖。

☆ 做老实人，就是表里如一，不口是心非；说老实话，就是有啥说啥，不夸夸其谈；干老实事，就是务求实效，不图虚名。

☆ 心地好嘴巴不好，不能算好人；心地不好嘴巴好，更不是好人；心地善良，说话恰当的人才是好人。

广交益友是事业成功的无价之宝，也是人生的真正幸福。交一个知识丰富的朋友，可以使你增加智慧；交一个信念坚定的朋友，可以使你明确方向；交一个艰苦朴素的朋友，可以使你境界升华；交一个心地善良的朋友，可以使你助人为乐；交一个意志坚强的朋友，可以使你坚韧不拔；交一个清正廉洁的朋友，可以使你一心为公。相反，权利之交，权去人远；势力之交，势去义断；利益之交，利去人散；情色之交，人老心变。由此可见，益友多了创大业，损友多了惹大祸，不可不慎！

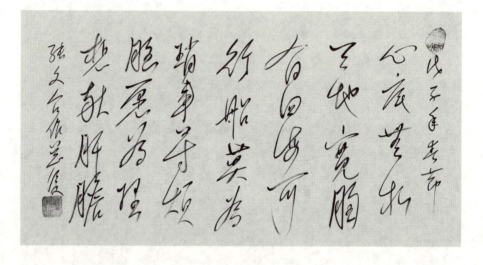

☆ 与小人合作危害多，与权贵相交靠不住。

☆ 权力之交，权去人贱；势利之交，势去义断；利益之交，利去人散；色情之交，人老则变。

☆ 与君子相交要动之以情，与小人相交要明之以理，与同辈相交要待之以礼，与下属相交要施之以恩。

☆ 没有真正朋友的人在社会上是孤独的，没有温情的社会就是人间的沙漠。

☆ 广交挚友是让人快乐的事，无话不说是朋友间快乐的事。

☆ 人无挚友是孤独的一生，友不交心是痛苦的一生。

☆ 真正的朋友最知心，最贴心，最热心，最诚心，最忠心。

☆ 交一个读书破万卷的坏蛋，不如交一个目不识丁的好人。

☆ 才华横溢的人身边没有朋友，不是因为他自我封闭，就是因为他对人冷漠。

☆ 人生能够交一个知心朋友就够了，交两个知心朋友就不少了，交三个知心朋友，就相当难了。

☆ 益友能增进快乐，减少痛苦；能增进见识，减少愚昧；能增加智慧，减少失误；能增进交流，减少孤独；能增加信心，减少悲观；能增进健康，减少疾病。

☆ 真正的友谊是青春之歌，是中年旋律，是老年美酒。

☆ 真正的友谊应当想着朋友需要什么，并尽可能满足其要求，而不是自己需要什么，要求别人满足自己的要求。

☆ 美酒越陈越香，朋友越老越亲。

☆ 虚心诚恳的人朋友多，虚情假意的人对手多。

☆ 胸怀若谷人缘好，心眼狭小朋友少。

☆ 人离开了集体是孤独的，离开了朋友是悲哀的。

☆ 人与人之间只有互相信任，真诚相待，才能打开心扉，成为朋友。

☆ 要想困难的时候得到朋友的无私援助，就要在平时多无私地帮助你的朋友。

☆ 志趣和感情比朝夕相处更能把两个人联系在一起。

☆ 上交不吹捧，下交不慢待，中交不结帮，是为交友正道。

☆ 在顺利时，朋友认识了我们；在困难时，我们认识了朋友。

☆ 交朋友不要只看头脑，还要看心地；不要只听他说的，还要看他做的；不要只看他的行事，还要看他的动机；不要只看他一时一事，还要看他的整体素质。

☆ 同朋友相交取其所长，不计其短；多给予，少索取；要忠诚，不背叛；多体谅，少强求。

☆ 朋友应该体现为理想相同、志趣相近、意气相投、感情相洽，不分男女老少。

☆ 真正的朋友应当真诚鼓励对方的优点，而不是当面吹捧；坦诚提醒对方的缺点，而不是背后议论；当面规劝对方的过失，而不是息事宁人。

☆ 朋友是一笔无形的财富，当你迷惑时他可以给你智慧，当你困难时他可以给你力量，当你痛苦时他可以给你温暖，当你失误时它可以给你提醒，当你沮丧时他可以给你鼓励，当你失败时他可以给你援助。

☆ 不听规劝的人，是固执，要碰钉子；不会劝人的人是傻瓜，没有朋友。

☆ 一个没有知己的人，就没有亲情可言；一个没有朋友的人，就不会有成功的事业。

☆ 真正的知己相见可以倾诉，也可以倾听；可以欢笑，也可以流泪。

☆ 最亲近的朋友往往是铸成大错的冤家，忠实的帮助往往是犯罪的帮凶。

☆ 要交有德之友，不结无义之人。

☆ 背后称赞我们的肯定是良友，而公开批评我们的也不一定是敌人。

☆ 抛弃朋友等于抛弃自己，背叛朋友等于出卖灵魂。

☆ 朋友相交，要发挥彼此的长处，不要互相指责短处。

☆ 自古人道爱情重，而我友情胜爱情，爱情花开有落日，真诚友谊万古颂。

☆ 交友不疑，疑友不交。

☆ 同道者往往是朋友，同利者往往是仇敌。

☆ 为朋友两肋插刀并不难，难的是找到这样的朋友。

☆ 千金易得不苟得，知己难求用心求。

☆ 穷友易得应多得，富人难求何必求。

☆ 当面说你好话的人，不一定是真正的朋友；敢于当面批评你的人，一定是难得的朋友。

☆ 不是真正的朋友，好话动不了心，重礼换不来心。

☆ 一个好朋友比财富更让你终身受益。

☆ 你身处顺境时朋友多，但不全是真正的朋友；你身处逆境时不躲避你的人，才是真正的朋友。

☆ 友情是篝火，能驱走人生的严寒；友情是雨露，能滋润干涸的心灵。

☆ 兄弟不一定是朋友，朋友一定胜过兄弟。

☆ 希望朋友怎么对待自己，就应该怎么对待朋友；希望得到朋友的信任，首先就要信任朋友；希望朋友帮助你做什么，就应该先想为朋友做了些什么，希望不被朋友欺骗，你就应该不欺骗朋友。

☆ 交乐观朋友，可以减少痛苦，增加快乐；交智慧朋友，可以增加知识，减少黑钝；交勇敢朋友，可以增加勇气，减少懦弱；交廉洁朋友，可以保持气节，减少腐败；交医生朋友，可以增加健康，减少疾病。

☆ 理解是交友的基础，埋怨是损友的根源。

☆ 缺少友情的人将终身孤独；缺少友谊的社会将是一片沙漠。

☆ 把快乐告诉朋友，将是两个快乐；把胜利告诉朋友，将是两个胜利；把困难告诉朋友，将使困难减半；把痛苦告诉朋友，将使痛苦减半。

☆ 一个好朋友可以延长你的生命，一个坏朋友可能断送你的生命。

☆ 名利场上多花言巧语，朋友才会苦口良言。

☆ 金钱收买不来朋友，患难方见真情。

☆ 有良友相伴，路遥不知其远；有良妻相伴，终身不知其累。

☆ 友谊胜过重金，虚情不如粪土。

☆ 交一个真正的知心朋友，可以改变人的一生，本来胆小的可以变得勇敢；本来冷漠的可以变得热情；本来懒惰的，可以变得勤快；本来暴躁的，可以变得温和；本来愚笨的，可以变得聪明。

☆ 对你无所求的朋友，是可靠的朋友；对你有所求的朋友，是值得注意的朋友。

☆ 欢乐的时候没有朋友分享也是孤独的，痛苦的时候有朋友分担会觉得温暖。

☆ 高尚的人决不会孤独，老朋友背弃了他，他又会结交新的朋友；虚伪的朋友背叛了他，他又会有忠诚的朋友。

☆ 半心半意的朋友不可交，真心实意的朋友不可少。

☆ 志同道合的朋友不会长期争吵，偶尔有分歧也会重归于好；志不同道不合即使经常甜言蜜语，朋友也不会长久。

☆ 你取得成绩时离不开朋友的分享，你遇到困难时离不开朋友的帮助，你遇到误解时离不开朋友的开导；真正的友谊来之不易，需要你用忠诚去播种，用热情去浇灌，用原则去培养，用信任去护理。

☆ 你能否对朋友忠贞不渝，永远做一个无愧于友谊的人？你能否对朋友信任，做一个永远不怀疑他的人？这是对你人品、性格和心理的考验，也是对朋友的激励、帮助和升华。

☆ 朋友是无价之宝，也是人生的幸福。知识丰富的朋友，可以使你增加智慧；头脑清醒的朋友，可以使你明确方向；心地善良的朋友，可以使你乐于助人；意志坚强的朋友，可以使你无所畏惧。

☆ 交友，不是为了索取，而是为了给予；不是为了同甘，而是为了共苦。

☆ 交一个智慧的朋友比交一个愚蠢的朋友有价值，而交一个愚蠢的朋友比交一个狡猾的朋友有价值。

☆ 你遇到不幸时处于苦难中的朋友最能体谅你、安慰你、帮助你。

☆ 成功可以引来朋友，失败可以考验朋友，患难可以结交朋友。

☆ 自古友情胜爱情，因为爱终究会消失，而友情才是长存的。

☆ 人生乐在心相知，心心相印胜千金。

☆ 真正的朋友，在你成功的时候为你高兴，而不是吹捧；在你失败的时候给你帮助，而不是讽刺；在你犯错误的时候给你批评，而不是旁观；在你遇到误解的时候给你信任，而不是猜疑。

☆ 互相尊重是友谊的基础，互相信任是友谊的土壤，互相体谅是友谊的境界，互相学习是友谊的动力，互相帮助是友谊的纽带，互相支持是友谊的桥梁。

☆ 真正的友谊不是把好话挂在口头上，而是体现在行动上；不是索取，而是给予；不是为一时快乐，而是为他一生着想。

☆ 一起享乐的朋友你可以忘掉，一起患难的朋友你会永远记住。

☆ 要在没有人的地方劝告朋友，要在大庭广众的地方赞扬朋友。

☆ 当你身处逆境时不邀自来的人才是真正的朋友。

☆ 背叛朋友的人，首先毁灭的是他自己。

☆ 不愿自我批评的人经常责备别人。

☆ 服从和操纵不是友谊，平等和友爱是友谊的真谛。

☆ 个人离开社会不可能幸福，人生的旅途离不开朋友的帮助。

☆ 背叛朋友就是伤害自己，为朋友奉献却会升华自己。

☆ 请朋友做事要以能办到为界线，为朋友办事也要以力所能及为界线。

☆ 受惠之后不可忘恩，施惠之后要尽快忘记。

☆ 财富不是朋友，而朋友才是财富；财富的作用是有限的，而朋友的作用是无限的。

☆ 朋友决不能只看利害，不论是非；只看成败，不论人品；只看一时，不论长远。

☆ 良药苦口利于病，只有吃得下才有作用；忠言逆耳利于行，只有虚心听才能生效。

☆ 真诚沟通增进感情，意气之争伤害感情。

☆ 事后论友者，不如事前帮友；局外论人者，不如局内帮人。

☆ 对待朋友一是要憨一点，不憨不能办大事；二要痴一点，不痴不能长共事。

☆ 朋友过刚，我以柔相待；朋友气盛，我以理晓谕；朋友用术，我以诚感抚。

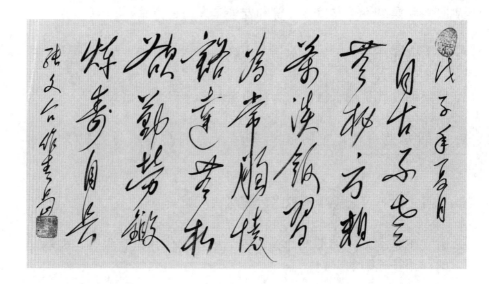

健康是人生的幸福，是事业的保障，是众人的向往，是家庭的温馨。为此人们要经得起美酒的诱惑，别醉着；经得起佳肴的诱惑，别撑着；经得起补药的诱惑，别毒着；经得起名利的诱惑，别累着；经得起误会的诱惑，别气着。做到：健身无疾病，健心没私欲，健形不肥胖。

☆ 科学走进生活，生活才能科学。

☆ 一切顺其自然的东西都是美好的，一切违背自然的东西都是可悲的。

☆ 破坏环境的人，环境惩罚他；保护环境的人，环境报答他。

☆ 人能胜天，天也能制人。要想征服自然，首先要服从自然。

☆ 善用自然，与自然的和谐，会给人类带来幸福；违背自然，同自然对抗，会给人类带来灾难。

☆ 环境可以影响人，人也可以改造环境；人生不是受环境支配，而是受到恶习的制约。

☆ 人在自然界里，不是无所作为，处处受自然支配；但要认识自然的脾气，按自然规律办事，不然必定受到惩罚。

☆ 靠科学认识疾病，靠科学预防疾病，靠科学战胜疾病。

☆ 有财富不如有智慧，有智慧不如有健康。

☆ 不能在年轻时拼命赚钱，老年时用钱拼命治病。

☆ 食过伤胃，火大伤肝，欲重伤身。

☆ 身体不健康的人是社会的负担，心理不健康的人是社会的包袱。

☆ 防病靠自己，治病靠医生，无病才聪明。

☆ 有意志者永远支配习惯，而不被习惯支配，永远是习惯的主人，而不是习惯的奴隶。

☆ 无忧是安眠药，疲劳是好枕头。

☆ 物质生活贫困的人，精神生活往往极为丰富，身体也往往非常健康。

☆ 健康是革命的本钱，幸福是革命的目的，奋斗是革命的途径。

☆ 清贫的人往往比奢侈的人健康，拉车的人也往往比坐车的人高尚。

☆ 酒者毒肠之药，色者夺命之斧，财者葬身之阱，气者损寿之刀。

☆ 忙里偷闲益健康；闹中取静乃修养。

☆ 病时方知自心慌，健时都为别人忙，忙里偷闲两相益，劳逸结合保健康。

☆ 知足是健康的卫兵，奢侈是长寿的大敌。

☆ 过分孤独的人心里没有阳光，贪恋美味的人身体不会健康。

☆ 身体健康最幸福，心理健康最快乐。

☆ 人要有良好的习惯、和谐的环境、高尚的品德，友善的朋友、健康的心理。

☆ 运动身体，开动脑筋；规律生活，性格开朗。

☆ 肉体有病不自在，心理有病难舒畅；身心俱安能长寿，健身修养两不忘。

☆ 不是因为衰老才放弃，而是因为放弃才衰老。一个真正有作为的人永远不衰老，也永远不会放弃。

☆ 劳动可以锻炼身体，思考可以锻炼头脑。

☆ 人要健康，应做到十要：一要空气清新；二要饮水洁净；三要吃饭无害；四要讲究卫生；五要阳光充足；六要心情舒畅；七要适度锻炼；八要节制饮食；九要无病早防；十要善于学习。

☆ 世界上有六个好医生：一是适度运动，二是节制饮食，三是心情愉快，四是劳逸结合，五是家庭和睦，六是爱好广泛。

☆ 体育锻炼会占用一些宝贵的时间，但换来了健康又赢得了大量的时间。

☆ 人要想健康，就要经得起美酒的诱惑，别醉死；经得起佳肴的诱惑，别撑死；经得起玩乐的诱惑，别累死；经得起灵丹妙药的诱惑，别毒死。

☆ 生活生活，生得健康，活得快乐。

☆ 拿健康换取身外之物是愚蠢的，用身外之物换取健康是聪明的。

☆ 身体健康靠营养来维持，精神健康靠知识来充实。

☆ 精神健康比身体健康更重要，愉快的心情胜过任何良药。

☆ 节制饮食，戒烟戒酒，起居规律，心情舒畅。

☆ 少荤多素，经常散步，心情舒畅，劳逸适度。

☆ 成大事者往往有丰富的知识、优良的品质、超群的才能、顽强的毅力、健康的身体。

☆ 健康要六戒：一戒懒，二戒馋，三戒奢，四戒气，五戒累，六戒欲。

☆ 养生之道，食不过饱，饮不过量，劳不过度，冬不过暖，夏不过凉。

☆ 心理健康，应不为愤怒所激，不为烦恼所苦，不为名利所累，不为谣言所惑。

☆ 节制饮食使人身体健康，控制饮酒使人头脑清醒，少发脾气使人精神愉快。

☆ 健康的身体是心灵的乐园，虚弱的身体是心灵的监狱。

☆ 保持健康需要重视，维护健康需要知识。

☆ 身体健康是幸福的资本，身体有病是痛苦的根源。

☆ 健康的身体产生于健康的心灵，健康的心灵又有赖于健康的身体。

☆ 暴饮暴食等于自杀。

☆ 运动可以代替很多药物，但任何药物也代替不了运动。

☆ 饮食不节，你就把厨师变成了杀手；饮酒无度，你就把酒席变成了屠场。

☆ 平平淡淡，粗茶淡饭，蹦蹦跳跳，身体健康。

☆ 以车代步，威胁健康；以步代车，延年益寿。

☆ 智慧是健康的条件，乐观是健康的标志，营养是健康的基础，运动是健康的关键。

☆ 保持健康，既是对自己的义务，也是对社会的责任，还是对民族的贡献。

☆ 有健康的身体，才有健康的精神，有健康的精神，才有健康的工作。

☆ 粗茶淡饭保健康，心无是非睡得香。

☆ 只要自己还能够自理，就不应让别人扶持；只要还有能力帮助别人，就不应袖手旁观。

☆ 要想健康节制有方，要想长寿不要忧愁。

☆ 走路能使你精神饱满，运动能使你青春永驻。

☆ 医生的首要职责是教育大家不吃药，自我保健的首要方法是不要乱吃药。

☆ 靠吃药活着的人没有真正的健康，靠别人活着的人没有真正的幸福。

☆ 生气是摧残健康的杀手，多食是损害健康的诱饵，酗酒是毁灭健康的毒药。

☆ 现代疾病一是吃出来的，二是喝出来的，三是累出来的，四是气出来的，五是玩出来的。

☆ 养心要寡欲，健身要运动。

☆ 吃饭少，休息好；常运动，病痛少；快乐多，莫烦恼。

☆ 笑长命，哭生病；乐健康，怨损身。

☆ 心情和平，身体康宁；精神愉快，容颜不衰。

☆ 心中欢乐面带笑，心中烦恼笑也假。

☆ 食不过饱，酒不过量，欲不过多，冬不过温，夏不过凉。

☆ 适度的娱乐能够放松人的情绪，陶冶人的情操；过度的玩乐会浪费大好时光，消磨人的斗志。

☆ 身体运动起来，心情才能快乐起来，脑子才能开动起来，健康才能储备起来。

☆ 与老年干部共勉：一是科学工作别累死；二是加强修养别气死；三是提高能力别难死；四是控制饮酒别醉死。

☆ 退休老干部如何健康长寿？架子放得下，心里平衡；朋友处得来，心情舒畅；饮食控制好，营养合理；家庭风气正，环境顺心。

☆ 人生六个不能老：一是心不能老，异想天开；二是脑不能老，记事不忘；三是眼不能老，穿针引线；四是脚不能老，健步如飞；五是嘴不能老，口若悬河；六是手不能老，龙飞凤舞。

☆ 年轻时播什么种子，老来就有什么收获，青年时代的锻炼比黄金还要重要。

☆ 花天酒地不长寿，粗茶淡饭常百年。

☆ 治病不如防病，防病不如锻炼。

☆ 活动活动，要活就要动。

☆ 生病在于懒，防病在于勤，治病在于早。

☆ 对健康最大的威胁是以车代步，对生命最大的危害是交通事故。

☆ 营养适当是健康的物质基础，坚持锻炼是健康的重要条件，自我保健是健康的根本保障，心情舒畅是健康的精神支柱。

☆ 营养是基础，精神是支柱，锻炼是关键，医疗是保障。

☆ 永葆活力最重要，确保健康要记牢。

☆ 暴饮暴食是杀人的利剑，抽烟酗酒是杀人的软刀。

☆ 不要饿极了才去吃饭，食不要过饱；不要渴极了才去喝水，饮不要过量；不要困极了才去睡觉，睡不可过多。

☆ 身体不健康的人，不仅自己痛苦，也是家人的不幸，还是社会的负担。

☆ 最好的保健医生，是自己养成良好的生活习惯，最好的健康补品是粗茶淡饭。

☆ 病来方知自己苦，健康时为别人忙。

☆ 拥有财富不如拥有智慧；拥有智慧不如拥有健康。

☆ 烦恼比岁月更容易催颜老；美酒比毒药更容易害人命。

☆ 健康是真正的财富，不要糟蹋它；友谊是真正的幸福，不要破坏它。

☆ 身体不健康，有知识不能发挥，有志气不能坚持，有理想不能实践，什么都等于零。

☆ 身体的故障不好治，精神的故障更难治。因而心灵上的疾病比肌体上的疾病更痛苦，更危险，更常见，更难医。

☆ 愤怒摧残人的精力，烦闷破坏人的健康，忧愁毁灭人的前程，多疑沮丧人的意志。

☆ 平凡的生活美好无限，体育锻炼其乐无穷。

☆ 健康的体魄是求知的基础，是人生的财富，是幸福的源泉，是智慧的载体，是创业的条件，是成才的核心，是爱情的动力。

☆ 健康要领：一是饮食合理，二是适度运动，三是心态平衡，四是按时保健，五是有病早治。

☆ 我的长寿歌：古稀体弱不为奇，自我保健受大益。探索规律善于记，付诸实践健康奇。注重修养淡名利，遇到烦恼莫生气。心地善良新天地，助人为乐不谋私。子女孝顺无难事，互敬互爱好夫妻。生态良好助氧气，环境优美心自怡。睡觉充足按时起，神智清醒再下地。早晨洗漱刮头皮，晚上温水足常洗。走路洗澡站稳地，严防摔跤伤躯体。一日生活有条理，节奏适度不着急。爱好广泛细作起，养花种草不可弃。饮食清淡少油腻，细嚼慢咽防便秘。适当饮酒烟禁忌，控制饮食莫饱饥。注重食疗当牢记，讲究卫生常查体。要看电视有间隙，减少辐射保视力。气候变化增减衣，防止感冒莫大意。经常锻炼壮身体，清静之处深呼吸。闻墨飘香涂几笔，读书看报助记忆。旅游胜景观察细，善于思考勤习诗。说做一致多努力，人活百年很容易。

爱情是人类永恒的话题，但是任何人也没给出一个正确的答案。只知道真正的爱情：是力量，能够战胜一切；是阳光，能够融化一切；是大海，能够容纳一切；是春雨，能够滋润一切。因为爱是给予，而不是索取；是责任，而不是游戏；是高尚，而不是庸俗；是长久，而不是冲动。因此，忠诚是爱情的基础，感情是爱情的纽带，志趣是爱情的风帆，信任是爱情的美德，永恒是爱情的本性。

自古人生观
爱情重云呀
更有情缘
爱情重建
花开有蕾
时真流友
宜草古吉

戊子季秋月

张文台作杭州

☆ 什么亲情最深？陪你走到人生终点，不是亲人胜过亲人。

☆ 人人爱我，我才感到温暖；我爱人人，大家才感到温暖。

☆ 爱心能征服一切，善心能感化一切。

☆ 恨别人，痛苦的是自己；爱别人，快乐的也是自己。

☆ 能约束自己的人最有信心，能宽容别人的人同样最有信心。

☆ 为爱而受苦，便是为爱而幸福；为爱而牺牲，便是为爱而奉献；为爱受折磨，便是为爱而快乐。

☆ 爱的力量是伟大的，爱情能够战胜一切，爱情能够改变一切，爱情能够创造一切。

☆ 爱情具有两面性，在一定意义上讲，它是生命，也是死亡；是摇篮，也是坟墓；是蜂蜜，也是苦酒；是风帆，也是暗礁。

☆ 在爱情的道路上任何时候都不要忘记：拿爱情做游戏就是拿人生开玩笑；对爱情的玷污就是对人格的背叛。

☆ 爱一个人的美貌是一时的，爱一个人的心灵才是终身的；一生只爱一个人才是真正的爱情，朝三暮四是玩弄感情。

☆ 珍视爱情应做到持之以恒而不朝秦暮楚，忠诚专一而不心猿意马。

☆ 共同的思想把两个相爱的人联系在一起，共同的追求维系了这种联系，生死与共使这种联系升华。

☆ 相爱不能相敬不能持久，相敬不能相爱也不能持久。

☆ 真正的爱情，应当热情，而不冷漠；应当善良，而不邪恶；应当
欣赏，而不讨厌；应当信任，而不怀疑；应当厚爱，而不薄情；
应当奉献，而不索取。

☆ 爱情总是相互的，相互的信任，相互的帮助，相互的牺牲，相互
的包容，相互的谅解，相互的学习，相互的鼓励。

☆ 一个显出满身智慧的女人，比露出满身肌肤的女人更可爱；一个
为事业兢兢业业的女人，比一个碌碌无为的女人更可敬；一个温
柔儒雅的女子，比一个粗鲁凶狠的女人更可亲。

☆ 爱情进入你的心里，它就会高于一切，进入你的身体，它就会占
有一切。

☆ 爱情的力量是无穷的，受了创伤的人爱情可以让他康复；受了挫
折的人，爱情可以让他振奋；消极沉睡的人，爱情可以重新把他
唤醒；筋疲力尽的人，爱情可以给他力量。

☆ 爱情能使青年变成成年，使懦夫变成勇士，使老头变成幼儿，使
傻瓜变成天才。

☆ 温柔是女人的高贵品质，是征服男人的有力武器，也是维系爱情
的粘合剂。

☆ 爱情往往是自私的，而不是大公无私的；是敏感的而不是迟钝
的；是隐私的而不是公开的；是嫉妒的而不是无所谓的。

☆ 爱情不是一种锁链，而是一种结合；不是一种冰霜，而是
一种温床；不是一种游戏，而是一种责任；不是一种束
缚，而是一种解放。

☆ 爱让人快乐，恨令人烦恼。

☆ 仁爱之心比智慧之心力量更大。

☆ 热爱令人聪明，憎恨使人盲目。

☆ 爱能够改变一切，爱能够容纳一切，爱能够理解一切，爱能够创造一切。

☆ 自私的爱是暂时的，奉献的爱是持久的，真心的爱才是终生的。

☆ 爱让人忘掉快乐与悲哀，幸福与痛苦，国籍和年龄，权力与地位。

☆ 爱需要理解，理解才能真爱。

☆ 爱是世界上最宝贵的财富，得到它终生享用不尽，失去它终身痛苦不堪。

☆ 积爱成福，积怨成祸，积德成圣。

☆ 爱要容纳一个人的缺点，还要包容一个人的错误。

☆ 对人热忱不分贵贱，办事公正不计利害，做人正派不失诚信。

☆ 给予的爱是持久的，索取的爱是暂时的；分享的爱是生动的，迷恋的爱是枯燥的；真心的爱是幸福的，假意的爱是痛苦的。

☆ 尊敬是爱的基础，倾慕是爱的前提，关心是爱的关键，热情是爱的纽带，体谅是爱的保障，恒心是爱的真谛。

☆ 家庭之爱是人类幸福的基础，朋友之爱升华了人的境界。

☆ 爱自由就是爱自己，爱集体就是爱别人，爱知识就是爱未来。

☆ 人若怕你，就不会真心爱你；人若敬你，就会真正爱你。

☆ 爱是幸福的，爱可以战胜一切；恨令人烦恼，容易招致失败。

☆ 爱往往是知识的源泉，是生命的开端。

☆ 爱是给予，而不是索取；是责任，而不是游戏；是永恒，而不是一时；是高尚，而不是庸俗。

☆ 恨是心灵的冰霜，爱是心灵的春天。

☆ 失去母爱的人总是最可怜，失去情爱的人总是最凄凉，失去友爱的人总是最孤独，失去关爱的人总是最悲哀。

☆ 爱是阳光可以融化一切；爱是大海可以容纳一切；爱是力量可以战胜一切；爱是春雨可以滋润一切。

☆ 爱同自己相似的人是真正的爱，爱同自己相反的人是盲目的爱。

☆ 爱自己，才会爱别人；不爱自己，别人不会爱你；不爱别人，别人也不会爱你。

☆ 苛求的爱是暂时的，奉献的爱是持久的。

☆ 爱才能理解，爱才能容忍，爱才能负责。

☆ 爱是天性，它是无条件的。在这个世界上没有什么东西比爱的力量更伟大，比爱的时间更持久，比爱的品德更崇高。

☆ 没有爱不会有幸福，乱爱恐怕会更加不幸，情多烦恼多。

☆ 丧失爱的人不会有幸福，逃避爱的人不会有生活。

☆ 真正的爱不是占有，更不能被占有。

☆ 爱金钱、爱权力、爱虚荣的人得不到真正的爱。

☆ 爱心常在，笑口常开，无病早防，百岁开外。

☆ 希望别人爱自己，一要真正爱别人，没有私心；二要自己可爱，没有毛病。

☆ 得不到爱等于白活，不爱别人等于活够了。

☆ 人不平等不会相爱，爱无信任不会持久。

☆ 道德中最大的秘密是爱，最高的境界也是爱；缺少道德的人不可能有真正的爱，更不可能有持久的爱。

☆ 没有人可以爱或没有人爱你是同样的不幸。

☆ 爱就是坚信，就是尊重，就是奉献，就是谅解，就是关心，就是激动。

☆ 爱是一切知识的源泉，是一切友谊的升华，是一切工作的动力。

☆ 谦让的爱历久弥坚；真心的爱地久天长。

☆ 爱是痛苦的甜蜜，理解是爱的基础。

☆ 真爱的光大，照亮四方；真爱的心大，容纳一切；真爱的恩大，终身难忘；真爱的力大，无所不克。

☆ 了解是爱的前提，崇拜是爱的动力，学习是爱的智慧，奉献是爱的境界。

☆ 爱是无限的宽容，是无私的奉献，是无意的善心，是无穷的快乐，是无尽的思念。

☆ 爱让青年人鼓舞，中年人安宁，老年人依赖。

☆ 如果一个人没有能力帮助所爱的人，就不要随便承诺爱；不能准备为爱的人牺牲一切，也不要说什么真心的爱。

☆ 帮助不等于爱情，但爱情不能没有帮助；同情不等于爱情，但爱情不能没有同情。

☆ 爱情决不是等价交换，但没有回应的爱情不会持久。

☆ 真正的爱情不是用语言表达的，而是用行为说明的；不是自我的欣赏，而是别人的仰慕；不是热恋的发烧，而是冷静的爱护。

☆ 用金钱买来的感情是靠不住的，你今天用金钱买来的感情，明天别人也能用金钱买去。

☆ 爱情是热烈的崇拜，是完全的信赖，是无私的奉献。

☆ 爱情是对美好的追求，对智慧的追求，对灵魂的追求。

☆ 在爱情的世界里，时间因团圆而加速，因分别而停滞。

☆ 爱情既能使人快乐，也能使人痛苦，可以使人看到光明，也可以使人粉身碎骨。

☆ 伟大的爱情，能使平庸的人变得伟大，懦弱的人变得勇敢，失望变得充满信心，暗淡变得光明。

☆ 真正的爱情使人向上、健康、高尚，甚至战胜艰难，挑战死亡。

☆ 爱情贵在奉献，而不在于索取；贵在真诚，而不在于虚伪；贵在持久，而不在于一时；贵在品德，而不在于容貌；贵在情趣，而不在于名利。

☆ 爱情往往处于矛盾之中，有喜悦，也有烦恼；有笑语，也有眼泪；有信任，也有猜疑；有温柔，也有狂暴。

☆ 真正的爱情既能经得起饥渴与冲动的考验，也能经得起离别与误解的考验。

☆ 真正的爱情是无时无刻的思念，是一生一世的体谅，是生活细节上的互助；

☆ 爱情能够使生命增加活力，使工作增加干劲，使学习增加动力，使生活增加和谐。

☆ 感情很可贵，但感情不可靠；理性很抽象，但理性很科学。

☆ 虚伪的爱情是浮在水面上的油花，随风而散；真正的爱情是沉入水中的铁锚，坚固持久。

☆ 爱情的成功需要魅力、智力、毅力和耐力。

☆ 爱情之剑可穿石，爱情之火可烧身。

☆ 真挚的爱情不是一见钟情，而是深入的了解；不是一时的冲动，而是持久的耐心。

☆ 持久的爱情应该是不断发现对方的特点，不断激发对方的优点。

☆ 没有爱情的结了婚，婚姻就是地狱；有爱情的结了婚，婚姻也免不了烦恼；有爱情而结不了婚，婚姻才是天堂。

☆ 结婚之前要睁大眼，结婚之后要半睁眼，年纪大了要不睁眼。

☆ 为金钱而结婚的人，往往丧失人格；为感情而结婚的人，往往失掉自由；为共同事业而结婚的人，往往获得成功。

☆ 幸福的婚姻是避风港，不幸的婚姻是角斗场。

☆ 婚姻是一本人生之书：第一章写的是浪漫的诗文，第二章写的是淡淡的散文，第三章写的是思辨的论文。

☆ 知识的悬殊，境界的不同，职业上的差异，性格上的别扭，是幸福婚姻的大暗礁。

☆ 婚姻的艺术：一是懂得怎样感情沟通；二是懂得在小问题上妥协；三是懂得互相包容；四是懂得彼此欣赏。

☆ 与爱人长期相处的秘密在于：树立适应对方的思想，放弃改变对方的念头；树立平等相待的观念，放弃压倒对方的行为。

☆ 幸福婚姻总是品相似，心相通，情相投，志相合。

☆ 没有爱情的婚姻是不幸的，没有婚姻的爱情是痛苦的。

☆ 积爱成福福无边，积怨成祸祸无穷。

☆ 要自尊，但不要唯我独尊；要自信，但不要固执己见；要自爱，但不要不爱别人。

☆ 要与所爱的人长相守，唯一的办法是不要试图改变对方，改变的结果是相分离。

☆ 没有爱情，千万不要结婚；结了婚，千万不要离心。

爱情观

☆ 短暂的分离可以振奋感情，但长久的离别可能毁灭爱情。

☆ 感情不是金钱，不可以施舍；爱情不是商品，不可以买卖。

☆ 男有情女有心，不怕山高水又深。山高自有人问路，水深自有摆渡人。

☆ 男人对男人要诚实，否则得不到尊重；男人对女人要忠实，否则得不到爱情。

☆ 女人无法容忍的是强加在心头的苦衷；男人不能容忍的是毫无根据的怀疑。

☆ 结婚是夫妻，离婚是朋友；夫妻共患难，朋友要互助。

☆ 思想上互相信任，学习上互相磋商，工作上互相支持，生活上互相关心，挫折上互相体谅，感情上互相珍惜，爱好上互相融合，习惯上互相包容。

☆ 人世间所谓永恒的爱，在任何辞典里都是找不到的；只有不断地用心维护，才有爱的永恒。

☆ 腐烂的果子，即使你摘到它，吃到嘴中也会变味；没感情的夫妻，即使维持下去，也是双方的痛苦。

☆ 爱是冬天的阳光，是解乏的美酒，是充饥的食粮，是休憩的港湾。

☆ 没有太阳，百花就不能开放；没有爱情，家庭就没有幸福。

☆ 拥有了真正的爱情，高山也会变成平地；痛苦也会变成幸福；冬天也会变成春天；老人也会变成青年；牺牲也会变成奉献；懦夫也会变得勇敢。

☆ 真诚对待别人，别人才能够对你真诚；你向别人奉献一份爱心，别人才能回报你一份诚意；你要想别人真心爱你，你就要真正爱别人。

☆ 蓝天比大海宽阔，爱情比蓝天宽阔。

☆ 爱情不是永恒的，所以要不断地追求；爱情不可以冷却，所以要不断呵护；爱情是会衰老的，所以要不断完善自我。

☆ 真正的爱情没有贵贱，金钱买不到，权势占不了，别人抢不跑。

☆ 爱情是充满烦恼的幸福，也是充满幸福的烦恼。

☆ 真正的爱情是舍身为人而不是专为自己；是无私奉献，而不是索取；是互相依赖，而不是猜疑；是彼此真诚，而不是朝三暮四。

☆ 亲情是幸福之源，文明是和谐之根。

☆ 男子注重的是吃什么，女子注重的是穿什么；男子注重的是才干，女子注重的是漂亮。

☆ 放纵的母亲是孩子的奴隶，孩子什么都不用做，最后什么都不会做；懒惰的母亲是孩子的教师，孩子什么都要干，最后什么都会干。

☆ 贤妻是丈夫之福，良母是孩子之福，和睦是家庭之福，健康是终身之福。

☆ 家常饮食最健康，家常衣着最美丽。

☆ 修身治家道理不必太多，知识不必太杂，经常用得着的不过那么几条，关键在反复应用，经常体会，不断发展。

☆ 家和万事兴，人和万事成。

☆ 勤俭是持家之道，忠厚是为人之本。

☆ 一个人的悲剧往往是个性造成的，一个家庭的悲剧往往是失和带来的。

☆ 劳动是致富的秘诀，勤俭是持家的法宝。

☆ 勤奋是富有的源泉，懒惰是贫困的根源；节俭是持家的法宝，奢侈是败家的祸根。

☆ 忠厚传世远，勤俭治家长。

☆ 家庭和睦是人生最幸福的事，夫妻恩爱是人生最快乐的事，子女成才是人生最欣慰的事

☆ 世界上大人物的妻子最孤独，小康之家的妻子最幸福，穷人的妻子最辛苦。

☆ 一个贤妻良母必然忠于自己的事业，热爱自己的家庭，关心自己的健康，注意自己的修养。

☆ 对于男子汉来说，社会是战场，到处充满着紧张的战斗；家庭是绿洲，时时充满着温暖和安宁。

☆ 在所有父母的眼中，孩子是自己的财富；在所有孩子的眼里，父母是他们的依靠。

☆ 家庭是孩子的乐园，是母亲的船，是父亲的港湾。

☆ 敬父母当儿女养，育子女学父母教；用希望孩子对待你的态度对待父母。用希望孩子孝敬你的方式来孝敬父母。

☆ 老师使自己的学生负担太多是不聪明的，父母使自己的孩子享福太早是不明智的，孩子自己想早早成家是不幸福的。

☆ 父母是孩子最好的老师，如果你不尊重父母，孩子就不会尊重你；你不孝敬父母，孩子也不会孝敬你。

☆ 读书起家，勤俭治家，和顺兴家，谨慎持家。

☆ 处理家庭问题要做到：不愧父母，不愧兄弟，不愧妻儿。

爱情观

跋

　　"桃之夭夭，其叶蓁蓁。之子于归，宜其家人"——摘自《大学》

　　一束小语涵释了深刻的哲理，作者文台，戎马一生，观其文，知其人，生活点滴感悟的积累和其渊博学识的综罗，汇集于此册，给人以知识的乐趣和人生的启悟。言简却如椽巨笔；意赅若蕴深邃。

　　邂逅一册好书，如沐明媚山水，可以升华品格，改变人生观感，震撼寞封心灵……

　　《哲语论修》，一本必须要看的书。

秦清運

乙丑年春月于北京

后 记

　　此书稿是我在几十年实践中的一些粗浅体会，也沉淀了很长时间。终于在各级领导的鼓励下，经过许多同志的艰苦努力，与读者们见面了。不论这本书的影响怎样，也不管同仁们的评论如何，但它的主导思想是好的，语言文字也是流畅的，能在思想修养、道德教育上尽一些微薄之力，也就实现了本人的意愿。在此书付梓之即，我特别要感谢中央军委原副主席张万年、迟浩田以及好友李刚亲笔题词勉励；文化部原部长刘忠德撰写序言。也非常感谢华夏集团的梁本源、高恩柱、贾洪宝和《瞭望中国》杂志社社长秦清运等同志的文字修改、出版运筹；还非常感谢中央党校的梁言顺、中央文献出版社的李庆田以及李建军、张河川、李璜、许政、李晓东、于钦亮等同志的大力支持和帮助。还有许多不知姓名、默默无闻的同志，为此书的编辑、校对、出版、发行、宣传、推广做出了自己的努力，在此一并表示致谢。